ODONTOLOGIE MÉDICO-LÉGALE : ENTRE HISTOIRE ET ARCHÉOLOGIE

Médecine à travers les siècles

Collection dirigée par le Docteur Xavier Riaud

L'objectif de cette collection est de constituer « une histoire grand public » de la médecine ainsi que de ses acteurs plus ou moins connus, de l'Antiquité à nos jours.

Si elle se veut un hommage à ceux qui ont contribué au progrès de l'humanité, elle ne néglige pas pour autant les zones d'ombre ou les dérives de la science médicale.

C'est en ce sens que – conformément à ce que devrait être l'enseignement de l'histoire –, elle ambitionne une « vision globale » et non partielle ou partiale comme cela est trop souvent le cas.

Déjà parus :

Dominique LE NEN, *Léonard de Vinci, un anatomiste visionnaire*, 2010.

Xavier RIAUD, *Histoires de la médecine dentaire*, 2010.

Xavier RIAUD, *Pionniers de la chirurgie maxillo-faciale (1914-1918)*, 2010.

Clément DAVID, *Hygiène bucco-dentaire du XVIIème au XIXème siècle en France*, 2010.

Henri LAMENDIN, *Investigations et expérimentations en odontologie : 40 années de recherches*, 2009.

Rozenn HENAFF-MADEC, *Enquête médico-légale sur le naufrage du H.L. Hunley (1864)*, 2009.

Henri MORGENSTERN, *Les dentistes français au XIXe siècle*, 2009.

Henri LAMENDIN, *Historique de l'odonto-stomatologie du sport en France*, 2009.

Xavier RIAUD, *Quand la dent mène l'enquête…*, 2008.

Henri LAMENDIN, *Précurseurs de la phytothérapie bucco-dentaire occidentale*, 2008.

Dominique LE NEN, *L'anatomie au creux des mains. Au confluent des sciences et de l'Art*, 2007.

Robert DELAVAULT, *L'asepsie un demi-siècle avant Pasteur : Ignace Semmelweis (1818-1865)*, 2007.

Xavier Riaud & Francis Janot

ODONTOLOGIE MÉDICO-LÉGALE : ENTRE HISTOIRE ET ARCHÉOLOGIE

Actes de la journée scientifique du jeudi 29 avril 2010
organisée par la Formation odontologique continue des Vosges (FOC 88)
à Epinal

Préface du Dr Hervé Bontemps,
président de la FOC 88

5-7, rue de l'Ecole-Polytechnique, 75005 Paris

http://www.librairieharmattan.com
diffusion.harmattan@wanadoo.fr
harmattan1@wanadoo.fr

ISBN : 978-2-296-12308-3
EAN : 9782296123083

Note des auteurs

Pourquoi une illustration de couverture avec Hercule Poirot ? Hercule Poirot était un personnage récurrent des livres d'Agatha Christie (1890-1976), romancière britannique. Le célèbre détective belge s'est retrouvé ainsi impliqué dans différentes enquêtes policières. Parmi ses ouvrages célèbres, *La mort dans les nuages* paru en 1935 voit notre enquêteur prouver la culpabilité d'un dentiste dans un crime commis sur une de ses patientes au cours d'un vol aérien. *Meurtre en Mésopotamie* publié en 1936 voit notre homme trouver le meurtrier dans une triste affaire qui se déroule sur un site de fouilles archéologiques. Agatha Christie a d'ailleurs écrit cet opus suite à un voyage accompli avec son mari où l'archéologie a été omniprésente, son époux en étant féru. Sans oublier le très connu *Mort sur le Nil* sorti en 1937, qui rappelle l'Egypte antique.
Il est bon de préciser qu'Agatha Christie, au fait de la médecine légale telle qu'elle était au début du XXème siècle, n'a jamais hésité à mentionner l'odontologie médico-légale dans certains de ses récits.
Enfin, n'oublions pas les mots d'Hercule Poirot à son fidèle ami Hastings : « *Le cerveau avant tout ! L'intelligence, l'esprit, les petites cellules grises ! Faites travailler vos petites cellules grises ! Confortablement installé dans mon fauteuil, je vois ce qui échappe aux autres.*[1] » C'est ce que font tous les jours, tous les archéologues et odontologues légistes avant de commencer tout autre travail d'investigation.

---

[1] Cf. Christie Agatha, *Les Quatre*, Librairie des Champs-Elysées, Paris, 1933.

Préface

Nous avons toujours eu la volonté, dans le cadre de nos conférences à la Formation odontologique des Vosges, de privilégier le côté pratique, l'apprentissage des bons gestes, les méthodes et les astuces pour faciliter notre exercice quotidien, avec comme mot d'ordre implicite « appliquer demain ce que l'on a appris aujourd'hui… »

Toutefois, nous apprécions également le fait de prendre un peu de recul pour élargir notre vision de la profession, pour nous intéresser à tout ce qui touche à la dent et à ses tissus environnants, dans un contexte plus ouvert qui pourrait presque s'apparenter à de la « culture générale appliquée » …

Ainsi, nous pouvons nous interroger sur la façon dont la dent, objet de tous nos soucis quotidiens, peut devenir de par sa nature même, sa grande résistance au temps qui passe, un réel témoin de l'histoire ou d'une histoire...

Pour cette conférence du 29 Avril 2010, à Epinal, grâce à la volonté et à la perspicacité de notre consœur passionnée le docteur Carol Petit, nous avons eu la chance de réunir deux confrères aux parcours professionnels atypiques.

Le docteur Xavier Riaud à travers ses nombreux ouvrages a su réellement trouver la rime entre historien et chirurgien dentiste… Sa passion et sa connaissance de l'Histoire l'ont conduit notamment à raconter comment ont été résolues de nombreuses énigmes et enquêtes au moyen des techniques utilisées régulièrement en odontologie médico-légale.

Le docteur Francis Janot, quant à lui, est allé au bout de sa passion en devenant archéologue… Ceci l'a conduit à effectuer des fouilles aux confins de l'Egypte, du Soudan et de la Libye. Ses connaissances odontologiques et anatomiques lui servent constamment à étayer les conclusions de ses recherches.

Le docteur Xavier Riaud a souhaité, pour marquer le caractère exceptionnel de cette rencontre, publier le contenu de cette conférence. Je tiens à le remercier pour l'honneur qu'il fait ainsi à notre petite société scientifique odontologique, la FOC 88.

Persuadé que les lecteurs trouveront dans la découverte de cet ouvrage le même intérêt, le même enthousiasme que l'ensemble des confrères présents à Epinal, je remercie encore les docteurs Xavier Riaud et Francis Janot pour la grande qualité de leur intervention.

Docteur Hervé BONTEMPS
Président de la Formation odontologique continue 88

Avant-propos

Il y a quelques mois, j'ai été sollicité par la FOC des Vosges, la Formation odontologique continue, pour venir faire une communication devant mes confrères, à Epinal, le 29 avril 2010. J'ai aussitôt accepté, étant toujours heureux de me déplacer pour aller à la rencontre de mes « compagnons d'armes ». Et puis, j'étais d'autant plus heureux que j'allais enfin rencontrer Francis Janot, dentiste et égyptologue de renom, qui allait être le second intervenant de cette journée. J'avais eu la chance de le croiser à l'Académie nationale de chirurgie dentaire, le 1er mars de cette même année, où je l'ai vu recevoir les insignes de titulaire de cette noble institution, mais les obligations de rigueur en pareille circonstance faisant, nous n'avions pas pu nous parler. Quand j'étais enfant, je rêvais d'Egypte ancienne et d'archéologie. Cette rencontre avec Francis Janot était donc très importante pour moi.

Cette belle réunion sous un soleil de plomb nous a vus discourir sur une discipline commune de prédilection : l'odontologie médico-légale. J'y ai traité les aspects historiques et Francis, les applications directement sur le terrain, au cours de ses fouilles archéologiques en Egypte. Ce baroudeur scientifique a conquis l'assemblée par ses récits vivants et largement documentés. Je ne sais pas si j'ai su en faire autant, mais, dans cet espoir, j'ai mis tout mon enthousiasme et ma conviction dans mes exposés. Au final, la soirée s'est achevée autour d'un bon vin et d'une bonne table où chacun d'entre nous a poursuivi ses explorations, accompagnés en cela par nos hôtes qui ont partagé cet instant dans l'oubli momentané des contraintes journalières que nous offre notre exercice médical.

Je pense, sans trop m'avancer, que tout le monde a apprécié cet échange.

Comment mélanger histoire générale, histoire de la médecine bucco-dentaire et l'odontologie elle-même?
L'odontologie médico-légale est une science qui permet d'approcher ces 3 disciplines par l'étude du contexte dans lequel les événements se sont produits, la connaissance d'un savoir éprouvé et son application in situ.
Lorsqu'un décès est constaté, suite à une catastrophe ou à un crime, il faut identifier la personne pour un certain nombre de raisons. Par cet acte, l'identification du meurtrier peut être plus aisée. Par cet acte, la dignité d'être humain est restituée à ce corps sans vie. Par cet acte, les proches peuvent faire leur deuil. Par cet acte enfin, les droits de succession peuvent être ouverts.
Pour cela, les moyens sont nombreux, mais passent impérativement par la quête des éléments ante-mortem (archives dentaires, photos, moulages en plâtre, etc., collectés auprès des praticiens traitants et des familles) et post-mortem (photos, moulages en plâtre, radiographies, etc., ramassés sur les cadavres) afin d'établir une identification comparative qui est la meilleure technique scientifique avérée de certifier la reconnaissance d'un individu. Malheureusement, lors d'une investigation à caractère historique, il n'est pas toujours facile d'accéder à ces éléments ante-mortem. Aussi, les vestiges post-mortem permettent-ils au moins le déterminisme de l'âge et du sexe. Ainsi, par la méthode dentaire de Lamendin, il a été déterminé que le roi égyptien Ramsès II (1314-1213 av. J.-C.) avait 80 ans (+ ou – 5 ans) au moment de sa mort.
De même, l'ADN d'une dent (pulpe) de Guillaume II (1859-1941), l'empereur allemand qui a emmené son pays dans la Première Guerre mondiale, a permis d'écarter une filiation dite illégitime avec une artiste peintre qui se disait sa fille. Par ce même ADN, n'a-t-il pas été démontré que Diane de Poitiers (v. 1499/1500-1566), maîtresse d'Henri II (1519-1559), roi de France, absorbait de grandes quantités d'or liquide ? Pensant gagner la jeunesse éternelle, elle s'empoisonnait chroniquement.
Une fois ces renseignements établis, les ossements peuvent être superposés à des schémas, croquis, peintures ou sculptures

préexistants pour essayer de corroborer les informations et d'aboutir à une identification formelle. Ainsi, en a-t-il été du crâne de Johann Sebastian Bach (1685-1750) exhumé en 1895 qui a été superposé à des peintures réalisées à la fin de sa vie, le célèbre compositeur, prognathe, se trouvant trop laid pour être peint dans sa prime jeunesse. Les points de concordance ont déterminé sans doute possible que ce crâne était bien le sien.
Mais, des sculpteurs sous la tutelle de scientifiques ou bien des moyens informatiques peuvent aussi reconstruire un faciès et donner vie à un visage éteint depuis des millénaires. Ainsi, en a-t-il été de Toumaï (environ 7 millions d'années) qui serait, semble-t-il, le plus vieil homme préhistorique retrouvé.

Voici en quelques mots quels ont été les objectifs de cette journée de formation continue : dresser un historique de l'odontologie médico-légale en détaillant ses finalités, ses techniques et ses acteurs, ce qui a été l'objectif premier de mes communications, et présenter la manière dont elle est employée sur le terrain à travers l'expérience personnelle, scientifique et archéologique de Francis Janot.

Pour finir, je rappellerai deux citations qui me tiennent à cœur et qui illustrent parfaitement la réunion odontologique du 29 avril 2010. Auguste Comte[2] a écrit : *« On ne connaît pas complètement une science tant qu'on n'en sait pas l'histoire. »* [*Cours de philosophie positive*]. Confucius (551-479 av. J.-C.), philosophe chinois, a, quant à lui, affirmé : *« Etudiez le passé si vous voulez appréhender l'avenir. »*
Ainsi, une science ne peut résolument pas progresser si elle oublie sciemment ses fondateurs et ce qu'ils ont accompli. Sa force ne peut résider, à mon sens, qu'en l'approche intellectuelle et culturelle qu'elle saura se donner. Pour cela, les organisateurs de ce séminaire, les docteurs Hervé Bontemps et Carol Petit, doivent être indéniablement salués et félicités pour leur gentillesse et leur grande ouverture d'esprit.

Xavier Riaud
Membre associé national de l'Académie nationale de chirurgie dentaire

---

[2] Auguste Comte (1798-1857), philosophe positiviste français, souvent considéré comme le fondateur de la sociologie. Il s'appuie sur des sciences positivistes, aujourd'hui appelées *exactes* ou *dures*, pour définir des lois d'organisation sociale (http://fr.wikipedia.org, *Auguste Comte*, 2007, p. 1).

Communications du Dr Xavier Riaud

Une histoire de la police scientifique en France

Période médiévale

« A cette époque, la justice attend que le bon droit lui soit manifesté par la divine Providence. C'est le temps des ordalies et du duel judiciaire.[3] *» « Dans la France médiévale, à l'éclatement du pouvoir exécutif entre féodaux correspond un éclatement du pouvoir judiciaire. Chaque comte, duc ou évêque a les pleins pouvoirs sur ses terres et la poursuite des crimes, et des délits est alors considérée comme un travail de maintien de l'ordre comme les autres, ne nécessitant pas un corps spécifique.*[4] » Ainsi, lorsqu'une affaire criminelle arrive devant les tribunaux, ceux-ci privilégient quasi exclusivement l'aveu qui est recherché avec des tortures préalables.[5]

Sous Louis XIV

« C'est sous Louis XIV seulement, en 1667 plus précisément, qu'un édit royal crée un corps de police indépendant, séparant enfin l'institution judiciaire et l'administration policière. Il sera placé sous les ordres de La Reynie qui mènera d'ailleurs l'une des premières « enquêtes » de notre histoire nationale, au cœur

---

[3] Epreuves du feu, de l'eau…

[4] Cf. Tribondeau Nathanaël, « Petite histoire de la police scientifique », in *http://www.salondupolar.com*, 2005, pp. 1-8.

[5] Voir le procès inquisitorial des Templiers en 1307, ordonné par le roi Philippe le Bel (Cf. Bordonove Georges, *La tragédie des Templiers*, Pygmalion/Gérard Watelet (éd.), Paris, 1993).

de la haute société de l'époque : l'affaire des « empoisonneuses » de Versailles. La Police sera très vite un vecteur de rationalisation des enquêtes face aux relents de surnaturel encore très présents à cette période. Mais, si la naissance d'une « police scientifique » peut être fixée à l'année 1786, avec l'affaire Richardson, en Ecosse, où un criminel a été confondu grâce au moulage des empreintes de ses pas, les choses sont bien loin de progresser aussi vite en France qu'au Royaume-Uni.[6] » (…)

Après le XVIIIème siècle

« Ainsi, la police repose pour beaucoup sur l'action d'indicateurs. En 1789, la maréchaussée ne comprend que 4 100 hommes pour une population de 25 millions d'habitants. Ces forces de l'ordre portent plus leur effort sur les crimes contre l'Etat, encore plus s'ils présentent une connotation religieuse.[7] *»*

Gabriel Nicolas de la Reynie (1625-1709), premier lieutenant général de police de Paris (domaine public).

D'après Tribondeau (2005), cette situation perdure sous la Révolution, l'Empire et la Restauration avec Fouché qui s'intéresse plus au fichage de la population qu'aux enquêtes

[6] Cf. Tribondeau Nathanaël, « Petite histoire de la police scientifique », in *http://www.salondupolar.com*, 2005, pp. 1-8.
[7] Cf. Tribondeau Nathanaël, « Petite histoire de la police scientifique », in *http://www.salondupolar.com*, 2005, pp. 1-8.

criminelles. Sous Charles X, le budget pour la police criminelle est supprimé au profit de la police politique.[8]
A la fin du XVIIIème siècle, Tribondeau (2005) affirme que c'est à autrui qu'il est demandé ce que l'inculpé ne peut plus dire. Pendant près de cent ans, la preuve par le témoignage règne en maîtresse absolue. Au XIXème siècle, les psychologues et les magistrats entament un procès du témoignage. *« Un témoignage, c'est un fait vu à travers un tempérament. »* Les mêmes imaginent interroger les choses dont *« l'insensibilité garantit la vertu. »* La preuve indiciale vient de voir le jour.[9]

Un XIXème siècle galopant

Le 24 décembre 1800, alors que Bonaparte se rend à l'opéra avec Joséphine, une bombe explose rue Saint-Nicaise qui lui était destinée. Le futur empereur et sa femme sont indemnes, mais 22 personnes meurent et 56 sont grièvement blessées. Bonaparte ordonne à Fouché, ministre de la Police depuis le 20 juillet 1799, d'enquêter et de trouver les coupables. L'émoi est général. En effet, une petite fille de 14 ans est décédée alors qu'elle surveillait le cheval tirant la « machine infernale ». Fouché ne dispose pas de beaucoup d'éléments. Il a l'idée originale de faire dresser un portrait-robot... du cheval qu'il remet à ses agents avec pour mission de prospecter auprès des palefreniers de la ville de Paris. Très vite, grâce à ce croquis, ils parviennent à déterminer que le cheval et la charrette ont été achetés au citoyen Lambel, marchand grainier, demeurant à Paris, rue Meslée. Ce dernier leur décrit très précisément l'acheteur. Par recoupements, Fouché conclut au complot royaliste et parvient à arrêter trois des quatre responsables de l'attentat. Cet évènement a donné lieu à ce que la Police française considère aujourd'hui comme sa première enquête scientifique.[10]

---

[8] Cf. Tribondeau Nathanaël, « Petite histoire de la police scientifique », in *http://www.salondupolar.com*, 2005, pp. 1-8.
[9] Cf. Tribondeau Nathanaël, « Petite histoire de la police scientifique », in *http://www.salondupolar.com*, 2005, pp. 1-8.
[10] Cf. Doucet Jean-Paul, « L'attentat de la rue Saint-Nicaise », in *http://ledroitcriminel.free.fr*, pp. 1-33.

Joseph Fouché (1759-1820), ministre de la Police de Bonaparte (domaine public).

« Conjointement à ceci, la police éprouve les plus grandes difficultés à identifier les récidivistes. Après l'abolition de la marque au fer rouge par la loi du 31 août 1832, des moyens de substitution sont employés par l'administration pour remédier à cette lacune. Ainsi, François Vidocq, ancien bagnard devenu chef de la Sûreté en 1811, propose le recrutement d'inspecteurs physionomistes qui sont payés cinq francs à chaque identification d'un repris de justice. En 1819, Huvet, employé de la pénitentiaire, réalise une « galerie de portraits de perturbateurs de la société » à l'aide d'un physionotrace, appareil reproduisant l'ombre portée du profil des criminels arrêtés.
En 1840, la photographie utilisée à des fins policières complète efficacement ce procédé.[11] »

[11] Cf. Mazévet Michel, Stagnara Denise & Fischer Louis-Paul, « Le Dr Edmond Locard (1877-1966), le Sherlock Holmes lyonnais », in *Revue d'Histoire des Sciences Médicales*, Juillet-Août-Septembre 2007, tome XLI, n° 3, pp. 269-278.

Eugène-François Vidocq (1775-1857), aventurier et détective (domaine public).

C'est sous la IIIème République que la répression du crime devient une priorité dans une société politiquement stable. *« Comment serait-il seulement envisageable qu'une police judiciaire moderne se prive des découvertes en biologie, chimie ou médecine qui se sont multipliées durant le « siècle des Lumières »? Au début du siècle, un médecin, Mathieu-Joseph Orfila (1787-1853) écrit le premier traité de toxicologie* (Orfila est le premier à mettre au point un test d'identification du sang et un microscope susceptible de détecter des traces d'origine biologique comme le sang et le sperme.[12]), *suivi en 1836 par James Marsch qui met au point le premier appareil de dépistage de l'arsenic dans les tissus humains. Le Français Bergeret est le premier à réussir en 1856 à dater la mort d'un individu par l'analyse du stade d'avancement des larves qui s'y installent (future entomologie judiciaire). Ces avancées techniques et scientifiques qui ont touché tous les domaines n'ont pas épargné la police française qui a eu, elle aussi, ses inventeurs et ses savants. En 1871, est créé le laboratoire municipal de chimie, puis en 1881, le laboratoire central de la Préfecture de Police de Paris, alors que le professeur Paul*

---

[12] Cf. Pol Didier, « La police scientifique », in *http://www.didier-pol.net*, 2001, pp. 1-5.

Brouardel, entomologiste lui aussi, inaugure dans le même temps la première salle d'autopsie de Paris.[13] »

Professeur Paul Brouardel (1837-1906) (domaine public).

Développement considérable de la médecine légale

« *En 1879, Alphonse Bertillon (1853-1914), commis aux écritures à la Préfecture de Police de Paris, envisage quant à lui, la création d'un « signalement anthropométrique ».* [14] » Bertillon propose en effet d'initier un « portrait parlé » des individus incluant une description minutieuse de tous les détails de la tête.[15]

Il découvre qu'en prenant onze[16] mensurations sur n'importe quel individu, il n'y a qu'une seule chance sur deux cent quatre-vingt-six millions pour que soient retrouvées les mêmes chez une autre personne. Ce système a été employé en France jusqu'en 1970. Un matériel spécialisé est dès lors utilisé dans tous les établissements pénitentiaires : table, tabouret, toise,

---

[13] Cf. Tribondeau Nathanaël, « Petite histoire de la police scientifique », in *http://www.salondupolar.com*, 2005, pp. 1-8.

[14] Cf. Mazévet Michel, *Edmond Locard, le Sherlock Holmes français*, Des Traboules (éd.), Brignais, 2006, pp. 74-119.

[15] Cf. http://fr.wikipedia.org, *Alphonse Bertillon*, 2008, pp. 1-3.
Couleur des yeux, des cheveux et de la peau. Description détaillée des marques indélébiles (cicatrices, tatouages,…).

[16] Certains auteurs disent quatorze.

compas de proportion, tablette et encreur pour prise d'empreintes digitales.[17]

« Ce système est expérimenté en 1882 où il devient chef du service photographique de la Préfecture de Police de Paris et mis en place dans l'ensemble des prisons françaises en 1885. En 1888, il étoffe sa technique par la « photographie anthropométrique ». [18] » (…)

« Grâce aux succès dans l'identification des récidivistes, il place la France au premier rang de la police scientifique internationale. (…) En 1896, Bertillon introduit la dactyloscopie dans son système.[19] » Cette science consiste en l'étude des empreintes digitales. C'est l'anglais William J. Herschel qui l'a inventée en 1880.

Les bases de l'entomologie criminelle ont été posées, quant à elles, en France à la fin du XIXème siècle par le vétérinaire Jean Pierre Mégnin (1828-1905) qui a publié en 1894, un livre ayant pour titre *La Faune des cadavres*. Dans cet ouvrage, il décrivait les huit vagues d'insectes qui se succèdent sur les cadavres en décomposition et dont l'étude permet de dater, souvent précisément, la date de la mort.[20]

Survient l'incendie du Bazar de la Charité, le 4 mai 1897, qui fait 120 morts.[21] C'est l'avènement de l'identification par les dents grâce à la thèse de médecine soutenue le 7 juillet 1898, par Oscar Amoëdo y Valdes (1863-1945), intitulée *« L'art dentaire en médecine légale »*. Le dentiste cubain obtient ainsi le titre de docteur en médecine.[22] Le Professeur Brouardel, président du jury de thèse, dit alors du travail du candidat : *« Ce*

---

[17] Cf. http://fr.wikipedia.org, *Alphonse Bertillon*, 2008, pp. 1-3.

[18] Cf. Mazévet Michel, *Edmond Locard,…*, op. cit., 2006, pp. 74-119.

[19] Cf. Mazévet Michel, *Edmond Locard,…*, op. cit., 2006, pp. 74-119.

[20] Cf. Pol Didier, « La police scientifique », in *http://www.didier-pol.net*, 2001, pp. 1-5.

[21] Cf. Georget Charles, « Oscar Amoëdo (1863-1945) et l'Art dentaire en Médecine légale », in *Revue de droit médical et d'identification appliqués à l'Odontologie*, n° 1, septembre 2004.

[22] Cf. Riaud Xavier, *Les dentistes détectives de l'Histoire*, L'Harmattan (éd.), Collection Médecine à travers les siècles, Paris, 2007 & cf. Riaud Xavier, *Quand la dent mène l'enquête…*, L'Harmattan (éd.), Collection Médecine à travers les siècles, Paris, 2008.

n'est pas une thèse, mais un traité d'odontologie. Il a comblé des grandes lacunes qui existaient quant à l'identification médico-légale.[23] »

Dr Oscar Amoëdo y Valdes (1863-1945).[24]

Bertillon et Locard

Le 16 octobre 1902, 107 rue du Faubourg Saint-Honoré à Paris, est découvert, dans l'appartement d'un dentiste, le corps de son domestique assassiné. Le vol semble à l'origine du meurtre. De nombreuses empreintes papillaires sur la vitrine d'un médailler fracturé attirent l'attention des enquêteurs.[25] Alphonse Bertillon, alors chef du service de l'identité de la police judiciaire parisienne, identifie un criminel grâce à ses empreintes digitales. Le malfaiteur Henri Léon Scheffer est alors démasqué. Ce dernier finit ses jours au bagne. C'est une première mondiale.[26]

---

[23] Cf. Georget Charles & Labyt-Leroy Anne-Sophie, « Le Docteur Oscar Amoëdo y Valdes (1863-1945), un praticien éclectique », in *Actes de la SFHAD*, http://www.bium.univ-paris5.fr, 2005, pp. 1-5.

[24] Cf. Rodriguez Exposito César, « Dr Oscar Amoëdo y Valdes, una figura de la odontologia universal », in *Cuadernos de Historia de la Salud Publica*, communication personnelle, La Habana, Cuba, 1969, © Cuadernos de Historia.

[25] Cf. Berlière Jean-Marc, « L'affaire Scheffer, une victoire de la science contre le crime? (octobre 1902) », in *www.criminocorpus.cnrs.fr*, 2007, pp. 1-7.

[26] Cf. Mazévet Michel, *Edmond Locard,...*, op. cit., 2006, pp. 74-119.

En 1903, Bertillon introduit une nouvelle méthode pour relever les empreintes digitales sur une surface lisse. Cette année-là, un institut de criminologie et un service de dactyloscopie sont ouverts.
En 1903, Bertillon est nommé expert en graphologie lors du procès du capitaine Dreyfus. Obnubilé par la perspective de faire condamner celui qu'il considère être un traître à son pays, il commet une lourde erreur dans l'analyse de l'écriture de l'accusé et d'un bordereau qui aurait été émis par ce dernier.[27]
Il est l'auteur de cinq livres publiés de 1883 à 1909 et de nombreux articles, le dernier ayant été publié en 1913.
En 1907, paraît le *Bulletin hebdomadaire de police criminelle* où sont recensés tous les signalements des personnes recherchées.
Pendant le même temps, à Lyon, une équipe qui fait école se met en place.
En effet, le premier congrès d'anthropologie criminelle est organisé à Rome, en 1885. C'est aussi le point de naissance du mouvement criminologique français lancé par Jean-Alexandre Eugène Lacassagne[28] (1823-1924), titulaire de la chaire de médecine légale de Lyon depuis 1880. *« En 1885, Lacassagne crée les Archives d'anthropologie criminelle et des sciences pénales avec les docteurs Garraud et Coutagne, et la collaboration d'Albert Bournet. (...) Le dernier numéro paraît en juin 1915.*[29] » Lacassagne est un grand toxicologue, spécialiste des tatouages, de la putréfaction morbide et des masques mortuaires. Obsessionnel du pourquoi et du comment, il n'a qu'une question en tête : « Qu'est-ce qu'un criminel ? » Autrement dit, est-il possible de le caractériser sur un plan scientifique et de l'identifier, afin de mieux prévenir et de mieux réprimer[30] ?

---

[27] Cf. http://fr.wikipedia.org, *Alphonse Bertillon*, 2008, pp. 1-3.
[28] Cf. Mazévet Michel, Stagnara Denise & Fischer Louis-Paul, « Le Dr Edmond Locard (1877-1966), le Sherlock Holmes lyonnais », in *Revue d'Histoire des Sciences Médicales*, Juillet-Août-Septembre 2007, tome XLI, n° 3, pp. 269-278.
[29] Cf. Renneville Marc, « L'anthropologie criminelle en France », in *Revue criminologie*, 1994, vol. 27, n° 2, pp. 185-210.
[30] Cf. http://fr.wikipedia.org, *Alexandre Lacassagne*, 2008, p. 1.

Professeur Jean-Eugène Lacassagne (1843-1924) (domaine public).

Un autre homme clé survient : Edmond Locard (1877-1966). Dreyfusard convaincu, la réhabilitation tardive de cet homme en 1906 montre à Locard, l'indispensabilité de la preuve en expertise.
Au début 1903, Edmond travaille dans l'équipe de Lacassagne qui lui confie une rubrique dans sa revue *Les Chroniques latines*. Il y étudie jusqu'en 1909, l'identification des récidivistes par la méthode dactyloscopique de Bertillon.[31]
En 1909, il publie la synthèse de ses recherches dans l'ouvrage intitulé *L'identification des récidivistes*. L'utilisation des preuves matérielles dans une enquête criminelle est nouvelle à la fin du XIXème siècle. Largement influencé par Sherlock Holmes, détective anglais inventé par le médecin neurologue de formation, Sir Arthur Conan Doyle (1859-1930), Locard s'intéresse en 1887, à l'étude des empreintes de pas, des taches de boue, des poussières et des cendres de tabac, ou encore à l'expertise des documents écrits et à la cryptographie.[32]

En 1910, Edmond Locard inaugure à Lyon, un laboratoire de police technique et scientifique, premier du genre au monde. Au fil des années, il y crée des appareils révolutionnaires comme le

[31] Cf. Mazévet Michel, *Edmond Locard,...*, op. cit., 2006, pp. 74-119.
[32] Cf. Larriaga Marielle, *La fabuleuse histoire d'Edmond Locard, flic de province*, Des Traboules (éd.), Brignais, 2007.

hatoscope destiné aux analyses balistiques ou encore le graphoscope employé pour les expertises de documents écrits.[33] Très vite, ce laboratoire acquiert une dimension internationale et les élèves se pressent pour y entrer en formation. Locard est le père fondateur de la poroscopie qui est l'étude, lorsque les empreintes digitales sont fragmentaires, des pores qui sont immuables et ne se modifient pas selon le mode de contact.
Locard propose des moulages en plâtre rationnels des traces et un élève à lui de 1925 à 1928, Harry Soderman, devenu après son départ de Lyon, un célèbre professeur de criminologie à l'Université de Stockholm, invente un aspirateur spécial consacré au prélèvement des poussières sur une scène de crime. Elles sont ensuite analysées au microscope. *« Dis moi quel milieu tu fréquentes, je te dirai quelles poussières tu portes. »*
De 1931 à 1940, il rédige son œuvre majeure, le *Traité de criminalistique* en sept volumes, publié à Lyon aux éditions Joannès Desvignes.[34]

Après dix ans sur le terrain, Locard souhaite doter la ville de Lyon d'un musée orienté vers *« la recherche des traces et des preuves dans le procès pénal »*.
Inauguré en 1921, Locard y reçoit un hôte célèbre, Sir Arthur Conan Doyle[35], l'auteur des aventures de *Sherlock Holmes*, venu en visite pour rencontrer le Français.

Pendant ce temps, en 1910, Victor Balthazard, professeur de médecine légale à la Sorbonne, a publié avec Marcelle Lambert, la première étude approfondie, *Le poil de l'homme et des animaux* et, à la même époque, une femme a été reconnue coupable d'assassinat sur la base de l'étude de ses cheveux.[36]

---

[33] Cf. Mazévet Michel, *Edmond Locard,...*, op. cit., 2006, pp. 74-119.
[34] Cf. Mazévet Michel, *Edmond Locard,...*, op. cit., 2006, pp. 74-119.
[35] Un des objets exposé dans le musée est la sacoche de Jules Bonnot, anarchiste notoire et fondateur de la célèbre bande criminelle du même nom qui a semé le crime et la terreur dans Paris de 1911 à 1912. Bonnot avait été le chauffeur de Conan Doyle en 1910. Il tombe sous les balles de la police, le 28 avril 1912. En visitant le musée, l'écrivain anglais aurait reconnu la photo de son ancien chauffeur.
[36] Cf. Pol Didier, « La police scientifique », in *http://www.didier-pol.net*, 2001, pp. 1-5.

C'est Jean Dausset, médecin français né en 1916, qui a identifié les groupes tissulaires, ce qui lui a valu le prix Nobel en 1980.[37]
« En 1927, s'ouvre un laboratoire identique à Marseille. En 1932, c'est au tour de Lille. Puis, en 1938, Toulouse. En 1943, la France de Vichy instaure un service de police technique qui a pour objectif de surveiller la population et le territoire.
Dans les années 50, le commissaire Chabot met au point le portrait robot qui est utilisé avec succès dans l'affaire Janet Marshall (1955). Le policier René Canonge invente, quant à lui, un système de fiches à entrées multiples qui porte aujourd'hui encore son nom. En 1968, à Paris, se fait la première automatisation des fiches à empreintes digitales par le corrélateur optique. Sous Mitterrand, Pierre Joxe, alors ministre, réorganise la police scientifique suite à un rapport alarmant qui lui est remis en 1985. En 1987, un décret promulgue le FAED, le fichier automatisé des empreintes digitales. En 1995, une police technique de proximité est organisée pour offrir le plus vite possible une première analyse des données via un réseau départemental. En 2000, est créé le FNAEG, le fichier national automatisé des empreintes génétiques.[38] »

Aujourd'hui encore, Bertillon et Locard figurent parmi les précurseurs de la police scientifique sur un plan international.

---

[37] Cf. Pol Didier, « La police scientifique », in *http://www.didier-pol.net*, 2001, pp. 1-5.
[38] Cf. Tribondeau Nathanaël, « Petite histoire de la police scientifique », in *http://www.salondupolar.com*, 2005, pp. 1-8.

Alphonse Bertillon[39] (1853-1914).

Dr Edmond Locard[40] (1877-1966).

Références bibliographiques :
Berlière Jean-Marc, « L'affaire Scheffer, une victoire de la science contre le crime? (octobre 1902) », in *www.criminocorpus.cnrs.fr*, 2007, pp. 1-7.
Bordonove Georges, *La tragédie des Templiers*, Pygmalion/Gérard Watelet (éd.), Paris, 1993.
Doucet Jean-Paul, « L'attentat de la rue Saint-Nicaise », in *http://ledroitcriminel.free.fr*, pp. 1-33.

[39] Cf. Préfecture de Police, Service des Archives, communication personnelle, Paris, 2008, © Préfecture de Police.
[40] Cf. Stagnara Denise, collection privée, communication personnelle, Odenas, 2007, © Denise Stagnara.
Locard est souvent surnommé le *Sherlock Holmes français*.

Georget Charles, « Oscar Amoëdo (1863-1945) et l'art dentaire en médecine légale », in *Revue de droit médical et d'identification appliqués à l'Odontologie*, n° 1, septembre 2004.
Georget Charles & Labyt-Leroy Anne-Sophie, « Le Docteur Oscar Amoëdo y Valdes (1863-1945), un praticien éclectique », in *Actes de la SFHAD*, http://www.bium.univ-paris5.fr, 2005, pp. 1-5.
http://fr.wikipedia.org, *Alexandre Lacassagne*, 2008, p. 1.
http://fr.wikipedia.org, *Alphonse Bertillon*, 2008, pp. 1-3.
Larriaga Marielle, *La fabuleuse histoire d'Edmond Locard, flic de province*, Des Traboules (éd.), Brignais, 2007.
Mazévet Michel, *Edmond Locard, le Sherlock Holmes français*, Des Traboules (éd.), Brignais, 2006.
Mazévet Michel, Stagnara Denise & Fischer Louis-Paul, « Le Dr Edmond Locard (1877-1966), le Sherlock Holmes lyonnais », in *Revue d'Histoire des Sciences Médicales*, Juillet-Août-Septembre 2007, tome XLI, n° 3, pp. 269-278.
Pol Didier, « La police scientifique », in *http://www.didier-pol.net*, 2001, pp. 1-5.
Préfecture de Police, Service des Archives, communication personnelle, Paris, 2008.
Renneville Marc, « L'anthropologie criminelle en France », in *Revue criminologie*, 1994, vol. 27, n° 2, pp. 185-210.
Riaud Xavier, *Les dentistes détectives de l'Histoire*, L'Harmattan (éd.), Collection Médecine à travers les siècles, Paris, 2007.
Riaud Xavier, *Quand la dent mène l'enquête...*, L'Harmattan (éd.), Collection Médecine à travers les siècles, Paris, 2008.
Riaud Xavier, « Histoire de la police scientifique en France », in *Revue de droit médical et d'identification appliqués à l'odontologie*, octobre 2009, n° 10, pp. 75-83.
Rodriguez Exposito César, « Dr Oscar Amoëdo y Valdes, una figura de la odontologia universal », in *Cuadernos de Historia de la Salud Publica*, La Habana, Cuba, 1969.
Stagnara Denise, collection privée, communication personnelle, Odenas, 2007.
Tribondeau Nathanaël, « Petite histoire de la police scientifique », in *http://www.salondupolar.com*, 2005, pp. 1-8.

Petite histoire de l'odontologie médico-légale en France

Le premier acte d'odontologie médico-légale en France

En 981, Hugues Capet (v. 940-996), alors duc des Francs (960 à 987), se rend à Rome pour y rencontrer l'empereur de Germanie, Otton II (955-983), afin de négocier une alliance. Informé, le roi des Francs, Lothaire (941-986), considère la conduite de Capet comme un crime de haute trahison et décide de le faire intercepter sur le chemin du retour. De son côté, la reine de France Emma (v. 948-988) écrit à sa mère, l'impératrice Adélaïde (931-999), mère d'Otton II, pour lui démontrer la duplicité du duc Hugues et lui demander de le retenir prisonnier en Italie. Dans sa lettre, la reine a effectué une description complète d'Hugues Capet. Elle y détaille très précisément ses yeux, ses lèvres, ses dents, son nez et jusqu'au son de sa voix. Alerté à temps, c'est en palefrenier qu'Hugues Capet revient à Paris sans encombre (Bordonove, 1986 & Gobry, 2008).

Jean II le Bon (1319-1364)

Voulant modifier son armée qui n'est constituée que de soudards, Jean II publie le 30 avril 1351, une ordonnance de dix articles la réformant, intitulée *« Règlement pour les gens de guerre »*. Elle s'appuie sur deux piliers fondamentaux pour l'époque : l'argent et l'honneur.
Ainsi, les chevaux sont marqués à la cuisse, chacun étant identifié avec précision : couleur de la robe, dents, etc. A 20 ou 30 livres tournois la location d'une monture, il aurait été aisé de

réaliser un joli bénéfice en réclamant ces sommes pour des chevaux fantômes ou loués plusieurs fois (Deviosse, 1985).

John Talbot (1384 (?)-1453)

Célèbre capitaine d'Henri VI (1421-1471) d'Angleterre, Talbot est tué lors de la bataille de Castillon, près de Bordeaux, par les soldats d'une armée française. Son corps est retrouvé par ses adversaires le lendemain. Il est tellement mutilé qu'il est très difficile de le reconnaître. Aussi, les Français décident-ils d'amener le héraut du soldat mort devant eux, qui avait été capturé auparavant. Pas plus que les autres, il ne parvient à identifier son maître. Pourtant, il s'agenouille et *« quand il a mis un des doigts de sa main droite dans la bouche du cadavre, pour essayer de percevoir l'absence d'une molaire du côté gauche qu'il savait être absente, il a fini par trouver ce qu'il cherchait et s'est exclamé : « Maître, c'est vous ! »... Avec cet aveu, le débat sur l'identité du mort a pris fin* (D'Escouchy, 1863-1864). »

Charles le Téméraire (1433-1477)

Duc de Bourgogne en 1467, adversaire de Louis XI, c'est devant Nancy que Charles trouve la mort le 5 janvier 1477. Son corps n'est retrouvé que trois jours après au bord d'un étang dit de Saint-Jean. Il est nu et à demi dévoré par les loups. Le Bourguignon était accompagné à la bataille par un page italien prénommé Baptiste qui est interrogé moins d'une semaine après. Jean de Troyes raconte : *« ...Et en cet endroit où le lundi suivant de la bataille, ce page affirme sans détour que le Duc de Bourgogne est mort et complètement nu, avec autour de lui quarante hommes nus également, parfaitement étendus au sol. Et ce Duc présente une entaille faite par une hallebarde, de l'oreille jusqu'aux dents, deux blessures de lance dans les cuisses et une troisième dans le bas de la jambe. Six éléments permettent de reconnaître avec force évidence le Duc de Bourgogne. La première, et la plus importante, vient des dents du haut qu'il avait perdues lors d'une chute* (De Troyes, 1620)... »

Napoléon IV (1856-1879)

Pris dans une embuscade zouloue, le fils de l'Empereur n'a pas le temps de s'enfuir. Son cadavre ayant été percé 17 fois par des sagaies, tous les coups ayant été reçus de face, il est méconnaissable. Il est retrouvé entièrement nu. Les Britanniques jugent indispensable de faire identifier la dépouille du prince. La description du cadavre a été faite par le Dr Scott, puis par le baron Larrey, ancien chirurgien ordinaire de l'Empereur Napoléon III, qui, à Chislehurst, assiste le 11 juillet 1879, à l'ouverture du cercueil (Lamendin (b), 2006). Pour le procès-verbal de l'examen du corps, le Dr Corvisart, fils du *« médecin préféré »* de Napoléon Ier, s'est joint à Larrey. Parmi les blessures, l'une, de moindre gravité, est apparente à la lèvre supérieure, du côté droit, laquelle est fendue, et intéresse une des dents qui a éclaté. Aussitôt, il est procédé à l'examen du système dentaire. C'est le Dr Thomas W. Evans (1823-1897), dentiste américain de la famille impériale française, qui en est chargé. Au préalable, Evans a présenté un schéma des dents du prince qu'il avait « aurifiées ». Et, la présence de ces obturations spécifiques a bien été constatée, même si d'autres dentistes sont intervenus après l'Américain (Deranian, 2006).

Godon, un précurseur ?

En 1887, Charles Godon (1854-1923), fondateur de l'Ecole dentaire de Paris (1880), président de la Fédération dentaire internationale de 1901 à 1904, puis de 1909 à 1910, propose à la Société d'odontologie de Paris : *« Dans tous les cas où ont disparu les signes extérieurs permettant de reconnaître un cadavre, il doit être procédé à l'examen des dents ; pour cela, un dentiste devra être chargé de dresser un schéma exact de l'état du système dentaire, indiquant toutes les restaurations partielles ou totales qui auraient été faites (obturations, aurifications, dents artificielles, etc.) ou indiquant les dents absentes et les particularités quelconques des dents présentes ».* Cette motion a été aussitôt adoptée (Berck, 1988).

Le Bazar de la Charité (1897)

Le 4 mai 1897, 124 personnes décèdent dans l'incendie du Bazar de la Charité. Parmi elles, Sophie-Charlotte (1847-1897), duchesse d'Alençon et sœur de Sissi, l'impératrice d'Autriche. Son corps est un des plus carbonisés. Le lendemain, vers midi, une trentaine de corps n'ont pas encore été identifiés. Le consul du Paraguay a alors l'idée de solliciter les dentistes des victimes. Le Dr Isaac Davenport, dentiste de Sophie-Charlotte, arrive avec sa fiche dentaire où sont notées ses 17 consultations sur deux années, la dernière ayant eu lieu le 15 décembre 1897. Il identifie son corps et son procès-verbal est avalisé par la justice. C'est une première en France. Trois dentistes participent aux identifications : le Dr Charles Godon, le Dr Isaac Davenport (1854-1922) et le Pr Ducourneau, enseignant à l'Ecole odontotechnique de Paris. Le travail des praticiens est rapporté par Oscar Amoëdo y Valdes (1863-1945). Ce dentiste cubain et professeur à l'Ecole odontotechnique de Paris soutient, le 7 juillet 1898, sa thèse de médecine *L'art dentaire en médecine légale* et obtient le titre de docteur en médecine (Georget & Labyt-Leroy, 2005). Ce travail de 608 pages est publié aux Editions Masson & Cie. Il est reconnu par l'ensemble de la profession dentaire comme une référence en la matière. L'identification dentaire, balbutiante jusqu'alors, est née. Un grand nombre de pages est consacré aux techniques d'identification, aux morsures, à l'usure des dents et aux dents après la mort. En complément, l'auteur commente la jurisprudence dentaire. 52 observations consacrées à l'identification concluent cette étude (Georget & Labyt-Leroy, 2005). *« Le rôle du dentiste expert, pour l'établissement d'une identité, ne peut plus être mis en doute à l'heure actuelle. Les observations que nous apportons forment un faisceau de preuves bien suffisant. Tantôt, c'est une anomalie particulière et connue du dentiste qui servira de base à ses conclusions ; tantôt, c'est une opération restauratrice qui remplira le même but. Mais, on verra aussi, par ces observations, que si souvent les dentistes ont été requis par la justice, bien souvent aussi on a tout à fait négligé de les appeler. (...) Son importance (l'expert dentiste) ne saurait être mise en doute et nous pensons qu'à l'avenir, ce n'est plus par hasard que les dentistes seront appelés dans les cas difficiles, mais qu'on y pensera dès le début et qu'on évitera ainsi de douloureuses surprises* (Amoëdo y Valdes, 1898). »

Edmond Locard (1877-1966) et l'étude des traces

En 1910, Edmond Locard inaugure à Lyon, le premier laboratoire de police technique et scientifique au monde (Mazévet, 2006). Spécialisé dans l'étude des traces résiduelles laissées sur les scènes de crime, les dents ne sont pas oubliées. En effet, le laboratoire est intervenu dans le cadre de l'Affaire Dessort. Un vol est commis le 21 décembre 1910, dans une boulangerie située au 159, boulevard de la Croix-Rousse à Lyon. Un des coupables a mordu dans des tartelettes à la crème de marron. La trace des incisives a permis d'orienter les recherches vers un enfant du voisinage qui a été identifié sans difficulté (Mazévet, 2006 & Riaud, 2008).

Première Guerre mondiale (1914-1918)

Cette guerre a fait 1 350 000 morts dans l'armée française. Le nombre de disparus oscille de 100 000 à 600 000. *« La question des disparus a posé de tels problèmes dans l'immédiat après-guerre, que différents moyens (anthropométrie, albums photographiques, identifications bucco-dentaires) ont été mis en oeuvre pour reconnaître ces corps dépourvus d'identité, sans oublier les soldats amnésiques* (Dussourt, 2006). » *« Le ministère des Pensions a fait afficher dans les églises et mairies de France, des tableaux indiquant les objets trouvés sur les corps des soldats français non encore identifiés, afin de donner des indications sur leur état civil. Parmi ces objets, ont été notées en premier lieu les pièces prothétiques dont la reconnaissance pouvait facilement être faite, soit par le dentiste qui les avait fabriquées, soit par la famille du disparu, munie de la fiche et des renseignements précis fournis par le praticien. Sur ces avis, ont été précisées la localisation exacte de l'endroit où le corps a été découvert et une description des caractéristiques de la pièce prothétique retrouvée : Prothèse maxillaire ou mandibulaire, Nombre et type de dents (dents ivoire, dents gutta), Type de matériau employé pour la base (or, caoutchouc), Type et métal des crochets (or en général).(…) Ces avis de recherches n'ont concerné que les pièces prothétiques et pas du tout l'état de la denture, ce qui limite donc la recherche aux porteurs de prothèse seulement.* (Dussourt, 2006 & Morizot, 1923). » *« Compte tenu de la multitude des corps à identifier, du faible taux d'appareillage,- entre 5 et 10 % -, et de la difficulté à réunir les documents ante-mortem, le nombre d'identifications réalisées grâce à ces avis de recherches a probablement été faible. Même s'il est en progression récente, c'est-à-dire de l'ordre de 17 %, le taux de retour des avis de recherches est resté longtemps très faible et a plafonné autour de 2 %. Il n'a pas dû être meilleur en 1919 selon toute vraisemblance* (Dussourt, 2006). »

Concernant l'odontologie médico-légale dans ce contexte si meurtrier, Henri Lentulo (1889-1981) a écrit : *« Il ne nous semble pas nécessaire d'insister davantage sur la justesse absolue d'un procédé qui a fait ses preuves depuis longtemps et qui est appelé à être employé souvent, maintenant qu'il est procédé à des exhumations fréquentes des morts de la Grande Guerre dont la reconnaissance est souvent entourée de grandes difficultés* (Lentulo, 1921). »

Ginette Neveu (1919-1949)

Violoniste, elle embarque à bord d'un vol Air France, le « Constellation », pour une série de concerts. Le 27 octobre 1949, l'avion s'écrase dans une montagne aux Açores. Ginette gît à côté de son Stradivarius. Son cadavre est rendu à la famille. Mais, ses proches s'interrogent. En effet, le corps présente une chaîne avec une médaille égyptienne, des vêtements dont ils ne se souviennent pas et des doigts avec des ongles très longs en pointe, ce qui est surprenant pour une violoniste. Les parents décident de contester. Le cercueil est transporté à l'Institut médico-légal où aucun doute ne subsiste. Il ne s'agit pas de Ginette. Fin novembre, un autre corps est exhumé dans le Haut-Rhin. Après examen dentaire et des ongles taillés pour jouer du violon, Ginette Neveu est reconnue (Georget & Boutin, 1996).

Autres catastrophes, autres identifications dentaires…

Suite à la catastrophe d'Ermenonville où un DC10 s'écrase au sol le 4 mars 1974, la méthode de Gustafson (1947) est utilisée pour déterminer les âges des corps à partir de l'étude des dents. L'enquête médico-légale est largement privilégiée. Toute une batterie d'examens dentaires annexes est utilisée. C'est un professeur de médecine de Poitiers qui officie.
Lorsque le 11 juillet 1978, un camion de propylène explose près du camping « Los Alfaques », situé à Alcanar en Espagne, les 217 corps, dont plusieurs Français, sont autopsiés. Des prélèvements des maxillaires et des odontogrammes ont été systématiquement réalisés. Les victimes sont toutes identifiées (Georget, Collet & Peton, 2000-2001).

1982

En France, la catastrophe de l'autoroute du Soleil du 31 juillet 1982, où 53 personnes, dont 44 enfants âgés de 6 à 15 ans, périssent carbonisées dans l'incendie d'un car, près de Beaune, voit un magistrat requérir un dentiste de Dijon, le docteur Claude Laborier (1941 -   ), alors expert près la Cour d'Appel de Dijon. C'est la première fois qu'un dentiste est sollicité pour participer aux opérations d'identifications. C'est exclusivement par l'odontologie que les adultes sont reconnus. L'utilisation de la radiographie rétroalvéolaire a donné d'excellents résultats pour l'identification d'un adolescent qui avait été pris pour un chauffeur de bus (Laborier, 2008).

L'Association française d'identification odontologique (A.F.I.O.)

Le 19 septembre 1989, un attentat est perpétré contre le DC10 de l'U.T.A. 159 corps sont retrouvés. 105 sont identifiés. Pour la première fois, une équipe pluridisciplinaire est à l'œuvre. Elle comprend des médecins, des toxicologues, des radiologues et des chirurgiens-dentistes (www.afioasso.org, sans date). Bien qu'il ait existé auparavant une Société française d'odonto-stomatologie légale, la conséquence immédiate de cet attentat est la naissance de l'Association française d'identification odontologique qui est fondée en 1990, par les Drs Danjard, Georget, Laborier et Welsch. Son premier congrès a lieu à Dijon sous l'autorité des Prs Weill et Marin, président de la Société de médecine légale et de criminologie de France (Georget, 2008).

La formule de datation de l'âge de Lamendin (1990)

En 1947, Gustafson utilise six critères de modifications physiologiques des dents, tous observés en fonction du vieillissement, mais ceci impose de procéder à des inclusions et à la réalisation de lames minces, par sections polies. En 1988, Lamendin (1928 -) propose une formule de Gustafson simplifiée qui ne repose que sur trois critères. Toutefois, il la juge peu fiable. En 1990, il définit une méthode ne s'appuyant que sur deux critères et prenant en compte les rapports entre la hauteur de translucidité, et la hauteur de parodontose (hors pathologie évidente) avec la hauteur de la racine. C'est la formule de Lamendin. En 1996, Hélène Martin offre une datation de l'âge à partir du cément dentaire. En 1999, Guy Collet étudie la couleur des racines des dents à différents âges et sur différents échantillons de la population. Ainsi, a-t-il créé un nuancier qui fait référence aujourd'hui (Lamendin (a), 2006).

Une histoire en perpétuelle écriture

Le 20 janvier 1992, un airbus A320 parti de Lyon-Satolas s'écrase sur le mont Sainte-Odile haut de 800 mètres. Il y a 87 victimes. L'I.R.C.G.N. intervient pour la première fois. Une cellule de chirurgiens-dentistes participe activement à l'identification des cadavres (Ménini, 1998).
En décembre 1996, les docteurs Charles Danjard et Laborier participent aux identifications des victimes de la secte du Temple solaire. A cette occasion, le prélèvement des maxillaires est systématiquement réalisé. De même, une radiographie panoramique est effectuée sur tous les cadavres (Laborier, 2008).
En mars 1999, les mêmes experts identifient les victimes de l'incendie du tunnel du Mont-Blanc, qui sont au nombre de 39. Les deux hommes sont confrontés à des corps présentant une

carbonisation extrême. Les données bibliographiques sur la carbonisation des dents et des pièces prothétiques se trouvent totalement bouleversées (Laborier, 2008).
Le 25 juillet 2000, le Concorde AF4590 vient juste de décoller de l'aéroport de Roissy-Charles de Gaulle, quand il s'écrase sur l'Hôtelissimo à Gonesse. La photographie devient systématique (Georget, Collet & Peton, 2000-2001). Des traces sont ainsi conservées. L'exhumation peut être évitée. 450 diapositives et 250 photographies sont prises. Sur 113 corps, il y a 112 identifications dentaires. Le Dr Laborier rapporte que la 113ème victime dépourvue de dents est identifiée par défaut grâce à la liste des voyageurs, puisque son appareil dentaire n'a jamais été retrouvé (Laborier, 2008).
En avril 2005, 26 dentistes français (Drs Rallon, Hutt, Labyt, Berger, Georget, ...) sont envoyés en Thaïlande pour recueillir les informations ante-mortem et post-mortem afin de reconnaître les victimes du tsunami (Laborier, 2008).
Lorsqu'un avion de la force multinationale s'écrase dans le Sinaï égyptien, le 6 mai 2007, causant la mort de 8 soldats français, c'est le Dr Joly qui est missionné.
Une équipe française de dentistes réservistes, dont plusieurs membres de l'A.F.I.O., est, quant à elle, partie au Togo suite au crash d'un hélicoptère survenu le 3 juin 2007, transportant deux Françaises.
De même, c'est le Dr Danjard qui participe aux identifications des 26 victimes du car polonais écrasé le 22 juillet 2007, dans un ravin de Vizille en Izère.
A suivre...

L'Unité d'identification odontologique

« L'Unité d'identification odontologique (U.I.O.) est une structure créée par le Conseil national de l'ordre des chirurgiens-dentistes, ses statuts ayant été validés lors de la séance du 13 avril 2002. Elle propose aux autorités judiciaires compétentes des praticiens formés à l'identification médico-légale des personnes dans le contexte des catastrophes..., mobilisables 24 heures sur 24, sur simple appel des autorités... (www.ordre-chirurgiens-dentistes.fr, 2009 & C.N.O.C.D., 2009). »

Dr Thomas W. Evans, (© University of Pennsylvania, 2005).

Dr Charles Godon (S. P. E. I., 1964).

Pr Ducourneau, enseignant à l'Institut odontotechnique de France, en 1900 (domaine public).

Dr Isaac Burnett Davenport (1854-1922), dentiste américain de Paris (peinture à l'huile de James McNeill Whistler (1834-1922)), © Hood Museum of Art, 2010.

Pendant la guerre 14-18

Henri Lentulo, dentiste militaire pendant la Grande Guerre, (© Jacqueline Deville, 2007).

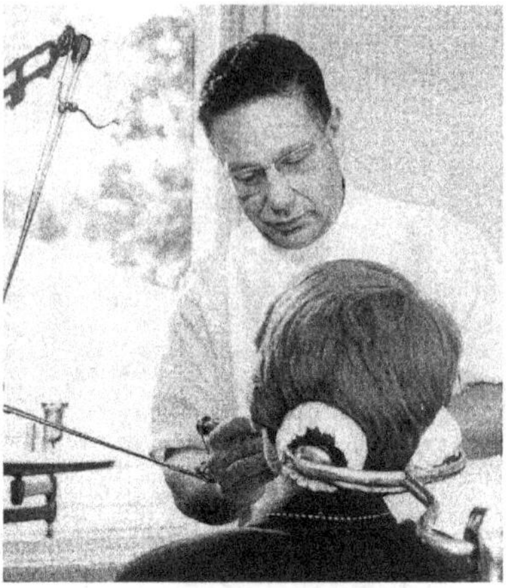

Dr Henri Lamendin (1928 -), (© Henri Lamendin, 2009).

Dr Claude Laborier, (© Claude Laborier, 2008).

Références bibliographiques :

Amoëdo y Valdes Oscar, *L'art dentaire en médecine légale*, Masson et Cie (éd.), Paris, 1898.

Berck R., « Etude historique de l'identification par les dents en France », in *Bull. Off. Ordre Nat. Chir. Dent.*, 1988; 2: 6-10.

Bordonove Georges, *Hugues Capet*, Pygmalion (éd.), Paris, 1986.

Collections of the University of Pennsylvania Archives, communication personnelle, Philadelphie, 2005.

Conseil national de l'ordre des chirurgiens-dentistes, lettre du 05/08/2009, Paris.

Deranian Martin H., « Thomas W. Evans: Pennsylvania's dentist to Europe's royalty », in *J. Hist. Dent.*, Spring 2006; 54 (1): 17-23.

D'Escouchy Mathieu, *Chronique (1444-1467)*, Du Fresne de Beaucourt (éd.), Paris (Soc. Hist. France), 1863-1864, vol. 2.

De Troyes Jean, *Histoire de Loys XI, roi de France, et des choses mémorables advenues de son regne, depuis l'an 1460 iusques à 1481.* Avtrement Dicte la Chronique Scandalevse. Escrite par vn Greffier de l'Hotel de ville de Paris. Imprimée sur le vray Original, M.DC.XX.
Deville Jacqueline, collection privée, communication personnelle, Gap, 2007.
Deviosse Jean, *Jean le Bon*, Fayard (éd.), Paris, 1985.
Dussourt Eric, « Identification bucco-dentaire et Guerre 14-18 », in *Actes de la Société française d'histoire de l'art dentaire*, Rouen, http://www.bium.univ-paris5.fr, 2006, pp. 43-45.
Georget Charles & Boutin Emile, *L'inattendue – Les grandes catastrophes*, Siloë (éd.), Nantes, 1996.
Georget, Collet & Peton, « Historique de l'odontologie médico-légale au travers des catastrophes », in *Cours du D.U. d'Identification en odontologie médico-légale*, U. F. R. Odontologie Nancy, année universitaire 2000-2001.
Georget Charles & Labyt-Leroy Anne-Sophie, « Le Docteur Oscar Amoëdo y Valdes (1863-1945), un praticien éclectique », in *Actes de la Société française d'histoire de l'art dentaire*, Reims, http://www.bium.univ-paris5.fr, 2005, pp. 1-5.
Georget Charles, communication personnelle, Amboise, 2008.
Gobry Ivan, *Lothaire*, Pygmalion (éd.), Paris, 2008.
Hood Museum of Art, Hanovre, Allemagne, 2010.
Laborier Claude, communication personnelle, Dijon, 2008.
Lamendin Henri (a), *Petites histoires de l'art dentaire d'hier et d'aujourd'hui*, L'Harmattan (éd.), Collection Ethique médicale, Paris, 2006.
Lamendin Henri (b), *Praticiens de l'Art dentaire du XIVème au XXème siècle (Recueil d'anecdodontes)*, L'Harmattan (éd.), Collection Médecine à travers les siècles, Paris, 2006.
Lamendin Henri, communication personnelle, Guillestre, 2009.
Lentulo Henri, « Identification des cadavres par la fiche dentaire », in *L'Odontologie*, 28/11/1921.
Mazévet Michel, *Edmond Locard, le Sherlock Holmes français*, Des Traboules (éd.), Brignais, 2006.
Ménini Patricia, *L'Odontologie médico-légale : son intérêt, ses limites*, Thèse Doct. Chir. Dent., Nantes, 1998.
Morizot Jean, *L'identification par les dents*, Thèse Lyon, 1923, Observation XVI.
Riaud Xavier, *Les dentistes détectives de l'Histoire*, L'Harmattan (éd.), Collection Médecine à travers les siècles, Paris, 2007.
Riaud Xavier, *Quand la dent mène l'enquête…*, L'Harmattan (éd.), Collection Médecine à travers les siècles, Paris, 2008.
Riaud Xavier, « Petite histoire de l'odontologie médico-légale en France », in *Revue de droit médical et d'identification appliqués à l'odontologie*, avril 2010, n° 11, pp. 123-132.
Richer, *Histoire de France*, Latouche (trad. et éd.), T. 1 (livres 1 et 2), Paris, 1930 et T. 2 (livres III et IV), Paris 1937.
Rodriguez Exposito César, « Dr Oscar Amoëdo y Valdes, una figura de la odontologia universal », in *Cuadernos de Historia de la Salud Publica*, La Habana, Cuba, 1969.

S. P. E. I., *Deux écoles dentaires : Ecole odontologique de Paris - Ecole dentaire de Paris*, Paris, 1964.
www.afioasso.org, *Historique*, sans date, pp. 1-2.
www.ordre-chirurgiens-dentistes.fr, *L'Unité d'identification odontologique*, 2009, p. 1.

Les dentistes détectives de l'Histoire

Après avoir étudié l'histoire de la discipline dans sa plus grande diversité, il convient de s'arrêter un instant sur les identifications les plus célèbres et les dentistes qui sont intervenus pour chacune d'entre elles. J'ai choisi délibérément quatre enquêtes fameuses où des dentistes ont joué un rôle déterminant, mais il en existe bien d'autres.[41]

Paul Revere et le Dr Joseph Warren

Joseph Warren est un éminent chirurgien et un leader indépendantiste de Boston. Il devient major général le 14 juin 1775. Il se porte volontaire à Bunker Hill et combat le 17 juin 1775, contre les forces de sa Majesté. Warren[42] est un des derniers à se retirer de Breed's Hill. Il est tué d'une balle dans la tête. Les Anglais, ne l'ayant pas reconnu, l'enterrent dans une fosse commune avec quatre ou cinq autres hommes.
Des parents et des amis à lui décident de localiser sa tombe et de donner une sépulture appropriée à son statut. Les recherches n'aboutissent que dix mois après. Les corps sont exhumés en avril 1776 et Paul Revere, le dentiste, est appelé pour identifier le cadavre nu et en décomposition du général. Jusque-là, toutes les questions étaient permises et Revere y apporte une réponse

---

[41] Cf. Riaud Xavier, *Les dentistes détectives de l'Histoire*, L'Harmattan (éd.), Collection Médecine à travers les siècles, Paris, 2007 & cf. Riaud Xavier, *Quand la dent mène l'enquête…*, L'Harmattan (éd.), Collection Médecine à travers les siècles, Paris, 2008.
[42] Cf. Forbes Esther, *Paul Revere, the world he lived in*, Houghton Mifflin Company, The Riverside Press, Boston, 1942, p. 315.

claire et définitive. Il s'agit bien de Joseph Warren. En effet, le dentiste a reconnu une prothèse dentaire sculptée dans l'ivoire et fixée avec un fil en argent qu'il lui a posée peu avant Lexington (avril 1775). Elle remplace une ou deux dents du haut, dont une canine, semble-t-il. Peu de gens tombés au combat disposent d'un tel luxe. Il est ainsi d'autant plus aisé pour Paul Revere de reconnaître son travail et son patient.

Le *New England Chronicle*[43] d'avril 1776 fait allusion aux dents artificielles qui ont facilité l'identification de Warren. Le journal fait état de l'incertitude quant aux éléments qui ont permis celle-ci. En effet, quelquefois, il est stipulé qu'il s'agit d'une prothèse d'une dent et d'autres fois, de deux. Quelquefois il est fait état de la canine et de sa voisine, d'autres fois, d'une dent et d'un ongle.

Le corps de Warren[44] est aujourd'hui, et ce depuis 1855, enterré à Forest Hills. A cette époque, une photo a été prise. Les deux dents de Revere semblent avoir duré plus longtemps que les dents naturelles du défunt.

Revere[45] a exercé la dentisterie sporadiquement de 1768 à 1775. Il a arrêté cette fonction cette année-là pour s'engager totalement dans le conflit contre les forces anglaises.

Dans le registre de consultations de Paul Revere[46], le nom de Warren est répertorié en date du 22 février 1773. Il est venu ce jour-là se faire enlever une prémolaire.

Le père de Paul Revere[47] était Huguenot. Il change de nom en Amérique. Son fils, Paul, y naît en 1734. Il devient orfèvre et

---

[43] Cf. Forbes Esther, *Paul Revere,...*, op. cit., 1942, p. 477.

[44] Cf. Ring M. E., « Paul Revere – Dentist and our country's symbol of freedom », in *NY State Dent. J.*, Dec 1976; 42 (10): 598-601.

Ring affirme que, sur la photo, les restes de Warren semblent être dépourvus des dents artificielles. S'agit-il de la même ? Il affirme également que la seule prémolaire absente est celle derrière la canine supérieure gauche. Ce serait elle qui aurait été remplacée. Le même article du *New England Chronicle* certifie que Revere aurait récupéré son fil d'argent sur le corps de son héroïque patient. Sans ce dernier, comment la prothèse pourrait-elle tenir ? Alors, que croire ?

[45] Cf. Davis Tim, « Paul Revere, surgeon-dentist », in *The Revere House Gazette*, 1987, 9 ; 1-2.

[46] Cf. Keiser-Nielsen Soren, , *Teeth that told*, University Press, Odense, 1992, pp. 9, 10.

[47] Cf. Forbes Esther, *Paul Revere,...*, op. cit., 1942, pp. 128-133.

apprend par lui-même à graver dans des métaux tels que l'argent ou le cuivre. Il apprend l'art dentaire aux côtés de John Baker, dentiste anglais, qui n'est resté à Boston qu'un an et demi. Le 22 janvier 1768, Baker annonce dans le *Gazette of Boston* qu'il quitte la ville. Avant de partir, il enseigne à Paul comment fixer des dents artificielles. Dans le même journal en date du 19 septembre 1768, Revere informe la clientèle de son maître qu'il est tout à fait capable de subvenir à ses besoins. Revere fabriquait ses fausses dents lui-même ou faisait appel à son voisin, un artisan expert dans la sculpture sur ivoire qui s'appelait Isaac Greenwood, qui prendra la suite du dentiste après la guerre. Après deux ans, Paul affirme avoir fixé plus d'une centaine de dents. En 1774, Revere fait la publicité pour un dentifrice de sa composition.
Mais, dans l'histoire américaine, Revere n'est pas resté dans la légende pour ses talents de dentiste ou d'orfèvre.
En effet, il est surnommé le *« cavalier de minuit »* par sa longue chevauchée dans la nuit du 18 au 19 avril 1775 pour avertir les milices de l'arrivée des troupes britanniques, à la veille de la bataille de Lexington et de Concord.
Après la guerre, Revere ne reprend pas, semble-t-il, sa pratique dentaire.

Paul Revere[48] (1734-1818).

[48] Cf. Paul Revere Memorial Association, Don de Mme Marion Cole, communication personnelle, Boston, 2006, © John Miller.
Paul Revere serait âgé de 65 ans sur cette photo.

Le 14 avril 1865, la guerre civile américaine est presque terminée. Le Général Lee vient de signer à Appomatox, la reddition sans conditions des troupes confédérées.
Abraham Lincoln[49], qui vient d'être réélu, sait que son deuxième mandat le verra accomplir des tâches écrasantes. Et, pourtant, ce vendredi soir, il trouve le temps d'aller au théâtre avec sa femme et des membres de son entourage.
A 20h25, il entre dans la loge 7 du théâtre Ford où il est longuement acclamé par les spectateurs présents.
A 22h10, un homme entre discrètement dans la loge présidentielle et applique le canon d'un Derringer sur la nuque de Lincoln. Il tire à bout portant.
Le 15 avril 1865, Abraham Lincoln meurt à 7h22. Pour la première fois de l'histoire américaine, un président a été assassiné.
Son meurtrier est vite identifié. Il s'appelle John Wilkes Booth (1838-1865) et a de fortes accointances avec les Confédérés. Il parvient à quitter Washington. Quelques jours plus tard, il est cerné par ses poursuivants dans une ferme de Virginie et est tué au cours de l'assaut. Ses complices sont à leur tour interpellés, jugés et pendus.
Quand le corps de Booth[50] arrive à Washington, un journal, le *Constitutional Union*, publie un article affirmant que Booth n'est pas mort, que le corps ramené par l'armée n'est pas le sien. D'après cet article, l'homme serait toujours en fuite en Virginie. Cobb, un proche du criminel, déclare que le brigadier général Benjamin Brice lui aurait demandé, connaissant ses liens avec le meurtrier, de se joindre au chirurgien général Joseph Barnes pour procéder à l'identification du corps. Arrivé chez Barnes, Cobb est congédié. Le chirurgien a eu connaissance que le Dr Merrill, dentiste à Washington D.C., a réalisé deux soins dentaires dans la bouche de Booth, la semaine avant l'assassinat. Lors de l'autopsie réalisée le 27

---

[49] Cf. Kaspi André, *La guerre de Sécession, Les Etats désunis*, Découvertes Gallimard (éd.), Paris, 1992, pp. 1-9.
[50] Cf. Hyson John Jr & Kauffman Michael, « The Mystery of John Wilkes Booth's Dentist », in *J. Hist. Dent.*, Nov 1999; 47(3): 122-125.

avril 1865, les médecins Barnes et Woodward[51], aidés de neuf hommes, forcent la bouche du cadavre. Le dentiste a pu ainsi reconnaître ses deux plombages. Ceci et d'autres éléments confirment à Barnes, l'identité du corps qu'il examine. Malgré tout, la polémique enfle.

En 1869, le corps du meurtrier est exhumé. Lors de l'autopsie, un dentiste aurait reconnu son travail. S'agit-il du Dr Merrill ? Le rapport n'en fait pas état. En 1890, la famille Booth décide d'envoyer un dentiste de Baltimore pour identifier formellement le corps. Ce qu'il fait. Son nom n'est toujours pas cité.

En 1903, un homme se suicide en affirmant être l'assassin de Lincoln. Edwin Booth décide d'aller en personne examiner la tête de son frère. En arrivant, Frank Oakes Rose[52], un acteur présent dans la salle, entend celui-ci dire : *« Je peux identifier mon frère, John Wilkes Booth, qui a une dent obturée avec de l'or sur la mâchoire de droite, proche de la canine. »*

Après examen, les dires d'Edwin Booth se sont avérés confirmés. Oakes a rapporté : *« Qu'il n'a entendu personne émettre le moindre doute quant à la complète identification du corps. »*

En 1932, le Dr Louis Warren, directeur de la Lincoln Historical Research Foundation à Fort Wayne dans l'Indiana, a publié un article dans la revue *Lincoln Lore* sur l'identification du meurtrier. Il déclare : *« Un dentiste bien connu de Washington, le Dr Merrill, a effectué deux obturations en or sur deux dents de Booth, quelques jours avant l'assassinat de Lincoln. Le Dr Merrill s'est souvenu de ce qu'il avait fait dans la bouche de l'acteur et a été appelé pour identifier son travail. Il a formellement reconnu les deux obturations. »*

La controverse s'est poursuivie jusqu'en 1992-1996. A partir de 1992, deux historiens ont demandé une nouvelle exhumation du corps pour identification. En 1995, le juge Joseph Kaplan[53] a estimé que les différents éléments passés ne justifiaient pas

---

[51] Cf. Abraham Lincoln Research Site, « John Wilkes Booth's Autopsy », in *http://members.aol.com/RVSNorton* , 2001, pp. 1-4.

[52] Cf. Hyson John Jr & Kauffman Michael, 1999, pp. 122-125.

[53] Cf. Riaud Xavier, *L'influence des dentistes américains pendant la Guerre de Sécession (1861-1865)*, L'Harmattan (éd.), Collection Médecine à travers les siècles, Paris, 2006, pp. 102-104.

pareille démarche. En 1996, un appel a été déposé à la cour du Maryland.

Qui est le Dr William Merrill[54] ?

Il naît le 20 janvier 1833, à Standish dans le Maine. Il s'engage dans la compagnie A du 5ème régiment d'infanterie des volontaires du Maine, le 24 avril 1861. A l'âge de 28 ans, il passe premier lieutenant. Il a une carrière militaire courte et sans honneur. Il est très vite malade et quitte le service le 5 décembre 1861, atteint de pleurésie.

Après avoir quitté le service, il exerce la dentisterie à Washington D.C. En 1865, son nom apparaît dans l'annuaire de la ville. Il est l'un des fondateurs de la D.C. Dental Society et en devient le président en 1866. Après 1896, il s'en retourne dans le Maine et finit ses jours à Gorham où il meurt le 16 août 1918.

Lieutenant William Merrill[55] (1833-1918).

Adolf Hitler et Reidar Sognnaes

Hitler[56] avait de très mauvaises dents et une mauvaise haleine. Avant la guerre, il a demandé à Blaschke d'immobiliser ses dents avec un bridge une bonne fois pour toute. Il souhaitait que

[54] Cf. Hyson John Jr & Kauffman Michael, 1999, pp. 122-125.

[55] Cf. MacDonald Tom, communication personnelle, Eustis, ME, U.S.A., 2006, © Tom MacDonald.

[56] Cf. Stephenson David, « Discovering the truth, the whole tooth about Hitler's death », in *Daily Express*, Londres, 29 juin 2003, pp. 54-55.

ce bridge soit en place pour de nombreuses années. Blaschke réalise dès lors un bridge métallique massif assez inhabituel et facile à reconnaître. Le 30 avril 1945, Hitler se suicide. Son corps est brûlé dans un cratère de bombe dans le jardin de la Chancellerie, près d'un hôpital, au milieu d'autres corps qui sont enterrés par la suite.
Jusqu'en 1954, malgré l'enquête de l'officier britannique Trevor-Roper, bien que sollicités par voie diplomatique, les Russes ne répondent à aucune question sur le sujet. Ce n'est que cette année-là, à la sortie de prison de Fritz Echtmann, le prothésiste dentaire de Blaschke[57],- il avait été interné en Russie pendant neuf années -, que le monde entier connaît le devenir exact du Führer et de sa femme. Le 15 octobre, Echtmann déclare qu'il a été arrêté par les services secrets russes, le 9 mai 1945, à sa maison de Berlin. La même année, libérée à son tour de prison, de retour de Russie, l'assistante de Blaschke, Käthe Heusermann[58], atteste avoir été également arrêtée le 9 mai 1945. Le corps du Führer n'a été retrouvé que le 3 mai 1945, par des agents du Smersh, organisme de renseignements de l'Armée Rouge. Le 8 mai, il a été emmené dans un hôpital de la banlieue berlinoise pour y être autopsié. Le 9 mai, les prothèses dentaires trouvées sur le cadavre sont présentées à l'assistante du dentiste personnel d'Hitler[59] et au mécanicien dentaire qui les avait confectionnées. Echtmann[60] se rappelle que les soviétiques lui ont montré une mâchoire inférieure incinérée avec deux bridges en or et un autre séparé en neuf pièces, toujours en or, issu du maxillaire. Sans conteste possible, il reconnaît son travail pour Hitler. Un bridge aurifié de quatre éléments lui est placé sous les yeux, semblable en tous points à celui de la mandibule que portait Eva Braun. En prison, il soumet un rapport supplémentaire de neuf pages sur le sujet.
Dans le même temps, l'assistante identifie les divers éléments de prothèses dentaires qui lui sont montrés.

---

[57] Cf. Lamendin Henri, *Anecdodontes*, Aventis (éd.), 2002, pp. 60-61.
[58] Cf. Kirchhoff Wolfgang (Hrsg), *Zahnmedizin und Faschismus*, Verlag Arbeiterbewegung und Gesellschaftswissenschaft, Marburg, 1987, pp. 155-159.
[59] Cf. Lamendin Henri, *Anecdodontes*, op. cit., 2002, pp. 60-61.
[60] Cf. Keiser-Nielsen Søren, *Teeth that...*, op. cit.1992, pp. 57-62.

Tous deux se souviennent parfaitement de la boîte rouge où étaient entreposés les restes d'Hitler et de la grande interprète blonde qui a permis le dialogue avec les Russes.
Ces deux déclarations sont publiées et malgré tout, le doute subsiste. La nécessité d'un rapport officiel, sans faille et aboutissant à une conclusion incontestable, et irréfutable, a été très vite indispensable.
En 1965, l'interprète blonde dont parlent Echtmann et Heusermann, Yelena Rzevskaya, publie un rapport intitulé *« Berlin mai 1945 »* dans une revue soviétique. Ce travail est publié sous la forme d'un livre et traduit dans de nombreuses langues, en 1967. Cet ouvrage raconte comment les Russes ont découvert treize corps calcinés dans les jardins de la Chancellerie et comment, dans les jours qui ont suivi, ils ont été autopsiés par une commission de cinq spécialistes sous la direction du lieutenant-colonel Faust Schkarawski à l'hôpital de champ russe n° 496 de Berlin-Buch.
Dans l'après-midi du 8 mai, la commission remet une boîte rouge au Smersh. Celle-ci contient des os de la mâchoire et les bridges en or des corps n° 12 et 13, suspectés être ceux d'Hitler et d'Eva Braun. Cette boîte est remise à l'interprète.
Le jour suivant, le Smersh part à la recherche d'Hugo Blaschke, de son prothésiste dentaire et de l'assistante. A la clinique de Kurfürstendamm, ils apprennent que le dentiste a quitté Berlin le 19 avril, sur les ordres du Führer pour Berchtesgaden. Ils parviennent tout de même à interpeller les deux autres.
Des informations ont été demandées à ces derniers sur le contenu de la boîte rouge mise devant eux. Tout ce qu'ils disent est aussitôt enregistré avant même qu'ils aient seulement examiné les restes humains.
Le 10 mai, le Smersh envoie son rapport à Moscou. Il conclut à l'identification certaine des restes des deux derniers corps, comme étant ceux d'Eva Braun[61] et d'Hitler. La boîte rouge et son contenu regagnent la capitale bolchevique de la même manière.
En 1966, Lew Besymenski, journaliste russe et attaché culturel de son pays en Allemagne de l'Ouest, publie un livre intitulé *« Der Tod des Adolf Hitler »* qui est lui aussi traduit en

---

[61] Cf. Keiser-Nielsen Søren, *Teeth that...*, op. cit., 1992, pp. 57-62.

plusieurs langues. Dans cet ouvrage, apparaissent les mots du colonel Gorbushin, le directeur des services secrets russes et ceux du colonel Schkarawski, nouvellement promu, ainsi que ceux d'autres membres de la commission chargée de l'autopsie des corps. Y figurent également les retranscriptions complètes des séances d'autopsies des treize corps considérés. Enfin, les photographies des bridges désolidarisés y sont présentes. Pour la première fois, les experts dentaires de toutes nationalités peuvent constater sur la base de quels éléments post-mortem l'identification d'Hitler[62] a été effectuée. Seul ennui, c'est que le livre de Besymenski n'offre aucune perspective de comparaison avec des éléments ante-mortem. En effet, aucun élément du dossier dentaire du dictateur n'est seulement cité, pas plus que des reproductions de radiographies. Par conséquent, aucune vérification des résultats obtenus n'est rendue possible.

En 1971, le Dr Ferdinand Strøm d'Oslo se tourne vers le Dr Reidar Sognnaes, ancien doyen de l'Ecole dentaire de UCLA. Strøm rappelle à Sognnaes que les Américains ont capturé Blaschke à Berchtesgaden vers novembre 1945. Un rapport d'interrogatoire existe donc dans les archives militaires de Washington. Au vu du statut du Pr Sognnaes, peut-être ce dernier pourra-t-il accéder à de tels renseignements ?

Aussitôt, l'éminent praticien se rend dans la capitale et est autorisé à faire des recherches dans les archives nationales. Très vite, il retrouve le dossier des services secrets américains sur l'interrogatoire de Blaschke qui a été conduit en novembre-décembre 1945. Sans ses dossiers, ni ses radiographies, le nazi se remémore les dents d'Hitler, d'Eva Braun et de Bormann. Après comparaison avec les photographies de Besymenski, des points communs sont évidents, mais aussi des différences.

Après investigations, Sognnaes retrouve cinq radiographies de la tête d'Hitler, trois en date du 19 septembre 1944 et deux, du 21 octobre 1944. Cette série de clichés a été faite parce que le despote se plaignait de problèmes de sinus. Ces images donnent plus de détails quant aux travaux dentaires réalisés dans sa bouche et ne laissent plus de place au doute. Le professeur

62 Cf. Keiser-Nielsen Søren, *Teeth that...*, op. cit., 1992, pp. 57-62.

venait de trouver des documents objectifs identifiant indiscutablement Adolf Hitler.
Lors du 6ème meeting de l'Association internationale de la médecine légale à Edimbourg, Sognnaes[63] (associé à Strøm) confirme définitivement l'identification d'Hitler à partir de ses dents à un panel d'experts internationaux. Les deux hommes publient leurs résultats dans *l'Acta Odontologica Scandinavica* en février 1973.

Reidar Sognnaes est né à Bergen, en Norvège, le 6 novembre 1911. Il découvre l'art dentaire à l'université d'Oslo, avant de venir aux Etats-Unis en 1938, en tant qu'interne à l'Infirmerie dentaire Forsyth pour les enfants de Boston.
Il poursuit son apprentissage à l'Ecole de Rochester de médecine et de dentisterie de New York où il obtient une maîtrise de sciences en physiologie et un doctorat universitaire en pathologie en 1941.
Pendant la Seconde Guerre mondiale, il sert comme capitaine dans l'armée de l'air norvégienne.
Après le conflit, il accepte un poste d'enseignant à l'université d'Harvard. Sognnaes[64] s'occupe alors du service de pathologie orale et prend la fonction de doyen de l'Ecole dentaire d'Harvard de 1952 à 1960.
En 1960, il arrive à UCLA[65] pour y fonder une école dentaire. Il y parvient cette année-là. Il en est le doyen jusqu'à ce qu'il se retire en 1968.
Toutefois, Sognnaes y poursuit ses recherches en tant que professeur d'anatomie et de biologie orale. Il acquiert une renommée internationale dans le domaine de l'identification en odontologie médico-légale.
Il fait figure d'érudit. Il est probablement plus connu pour ses observations relatives aux appareils dentaires de Georges Washington. Le Dr Sognnaes a en effet démontré que le premier président américain ne portait pas d'appareils avec des dents en bois.

---

[63] Cf. Keiser-Nielsen Søren, *Teeth that...*, op. cit., 1992, pp. 57-62.
[64] Cf. American Board of Forensic Odontology, *Diplomates Reference Manual*, 2006, p. 273.
[65] Université de Californie, Los Angeles.

Il est aussi crédité de l'identification des restes d'Adolf Hitler et de son comparse, Martin Bormann, à partir également des archives recueillies par les Alliés.
Très tôt, cet éminent chercheur a focalisé son intérêt sur les pathologies des tissus durs et sur les calcifications dans les systèmes biologiques. Ses recherches l'ont fait entrer dans un cercle très restreint de spécialistes mondiaux. Il a publié plus de 300 articles dans sa vie. Il a été le premier dentiste à être élu membre de l'Académie des arts et des sciences. Sognnaes[66] est le premier dentiste également à être devenu membre de l'Institut de médecine de l'Académie nationale des sciences. Il a été membre d'honneur dans de nombreuses sociétés scientifiques internationales et a été notamment le président de l'Institut international pour la recherche dentaire, de l'Institut américain de biologie orale et de la Société internationale d'identification en odontologie médico-légale. En homme perpétuellement occupé, Reidar a poursuivi son travail jusqu'à ce qu'une crise cardiaque l'emporte le 21 septembre 1984.
Il a concrétisé son rêve d'une école dentaire à UCLA, interlocutrice de premier ordre au sein du Centre des sciences de la santé de UCLA.

Dr Reidar F. Sognnaes[67] (1911-1984).

[66] Cf. American Board of Forensic Odontology, *Diplomates…*, op. cit., 2006, p. 273.
[67] Cf. Sognnaes Reidun, communication personnelle, Half Moon Bay, CA, USA, 2006, © RS.

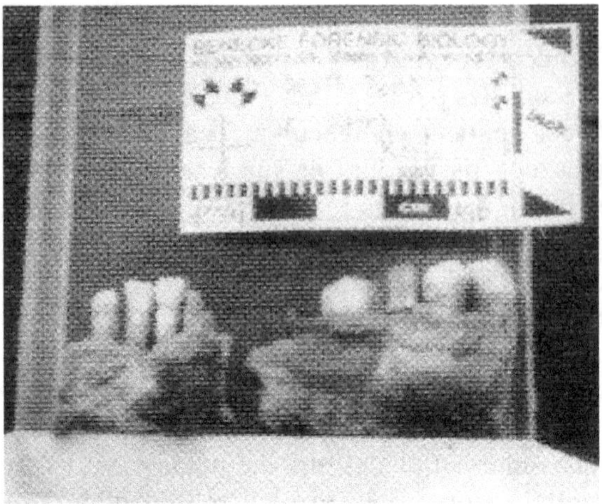

Fragment de mandibule d'Adolf Hitler (1889-1945)[68].

Hatshepsout et Galal el-Beheri[69]

En 1479 av. J.-C., Thoutmosis II meurt après un règne très court.[70]

Son successeur, Thoutmosis III, n'est pas le fils de la grande épouse royale, Hatshepsout[71], demi-sœur du défunt, mais celui d'une épouse secondaire. La reine décide de se proclamer « roi » à part entière. Ainsi, s'installe une corégence avec le jeune roi. En tant que corégente, elle se présente comme grande épouse royale et épouse du dieu Amon. Ses décisions sont prises au nom du roi régnant, Thoutmosis III. En l'an 7 du règne du jeune monarque, la reine coiffe les couronnes royales et adopte les attributs de la royauté : titulature composée de cinq titres et de cinq noms, sceptres, barbe postiche, pagne court et

---

[68] Cf. Benecke Mark, « Hitler's skull and teeth », in *www.benecke.com*, 2003, pp. 1-3 & cf. Benecke Mark, communication personnelle, Allemagne, 2006.

[69] Cf. Riaud Xavier, *Quand la dent mène l'enquête…*, L'Harmattan (éd.), Collection Médecine à travers les siècles, Paris, 2008, pp. 61-65 & cf. Riaud Xavier, « Identification dentaire de la reine égyptienne Hatshepsout », in *Le Chirurgien-Dentiste de France*, 06/11/2008, n° 1368, pp. 58-60.

[70] Cf. Maruéjol Florence, « Thoutmosis III et Hatshepsout : un trône pour deux », in *Historia*, n° 729, septembre 2007, pp. 24-29.

[71] Hatshepsout, reine-pharaon, est la cinquième à régner dans la XVIIIème dynastie de l'Egypte antique (Cf. fr.wikipedia.org, *Hatshepsout*, 2008, pp. 1-6).

queue de taureau, qui sont autant de symboles de puissance. Très vite, elle proclame qu'elle est la fille d'Amon-Rê, le chef du panthéon égyptien, qui l'aurait choisie pour lui succéder.[72] Elle affirme aussi que son père l'aurait aussi confirmée dans sa succession devant les grands du royaume réunis. Hatshepsout s'assied sur le trône aux côtés de Thoutmosis III, mais n'entend pas le remplacer. En effet, si deux rois existent, une seule fonction royale demeure. La reine forme le jeune roi à assumer sa charge future. Ce dernier devient d'ailleurs un remarquable chef de guerre. Grande bâtisseuse, les dernières attestations de cette reine remontent à l'an 20. A sa mort, Thoutmosis III organise ses funérailles. Rien ne change dans la gouvernance en place. Toutefois, en l'an 42-43, le roi ordonne l'effacement de toutes les images la représentant dans les temples. Son nom disparaît aussi. Le prêtre Manéthon (IIIème siècle av. J.-C.) rapporte qu'elle a régné pendant vingt-deux ans. Elle s'est distinguée par son intelligence subtile et sa volonté de fer[73].
Son tombeau, situé dans la Vallée des Rois, près de Thèbes, est exploré par Howard Carter en 1903 et est baptisé KV20. Il est retrouvé vide.[74]
Jusqu'à aujourd'hui, le corps demeurait introuvable. Zahi Hawass, directeur du Conseil supérieur des antiquités égyptiennes, mène une enquête scientifico-policière à travers tout le pays pour retrouver la momie de la souveraine. Il part à la recherche des momies exhumées, mais la tâche est ardue. Cachées et déplacées par les grands prêtres afin que les pilleurs ne mettent pas la main dessus, les dépouilles royales sont très nombreuses en Egypte. C'est pourquoi Hawass a fondé l'Egyptian Mummy Project qui consiste à étudier les momies au CT-Scan.[75]

---

[72] Cf. Maruéjol Florence, « Thoutmosis III et Hatshepsout : un trône pour deux », in *Historia*, n° 729, septembre 2007, pp. 24-29.
[73] Cf. Maruéjol Florence, « Thoutmosis III et Hatshepsout : un trône pour deux », in *Historia*, n° 729, septembre 2007, pp. 24-29.
[74] Cf. Battaggion Victor, « La momie qui n'avait pas toutes ses dents », in *Historia*, n° 729, septembre 2007, pp. 30-31.
Howard Carter (1874-1939), égyptologue britannique, a aussi découvert la tombe de Toutankhamon (1922).
[75] Technique d'imagerie qui recompose un corps scanné en 3D.

Accompagné d'une équipe de chercheurs, il entame son investigation en visitant une petite tombe située en face de la KV20. Elle s'appelle la KV60. Cette sépulture, découverte par Carter en 1903, contenait deux momies de la XVIIIème dynastie : une petite, identifiée comme étant celle de la nourrice royale, Sitre-In, et une obèse reposant à même le sol.
Après avoir dégagé l'entrée, Zahi se retrouve face à une caisse en bois rudimentaire qui ne renferme que la dépouille de la femme obèse. En constatant son port altier, son bras gauche replié sur la poitrine à la manière d'une momie royale, il est convaincu de l'ascendance monarchique de ce corps. Il décide aussitôt de le déplacer jusqu'au musée du Caire pour l'étudier en détail.
Quant à la momie de la nourrice, elle est déjà au musée de la capitale égyptienne. Hawass considère qu'elle pourrait être une candidate intéressante.[76]
Une fois saisis ces deux cadavres, l'équipe se remémore l'existence de deux autres momies royales non identifiées, retrouvées dans une cache du temple de Deir el-Bahari (DB320). L'endroit, fouillé au XIXème siècle par le département d'Antiquités égyptiennes, cachait plus d'une douzaine de momies de pharaons issues de plusieurs dynasties dont Ahmôsis I, Thoutmosis II et III, et Ramsès II.
Parmi celles-ci, les deux dépouilles baptisées Unknown woman A et Unknown woman B[77] étaient accompagnées d'un vase scellé et frappé du nom d'Hatshepsout.
Après avoir été entreposés dans le musée du Caire lors de leur exhumation, les deux corps avaient été oubliés et délaissés dans les sombres et poussiéreux couloirs. De nombreuses heures s'écoulent avant que les deux femmes ne soient finalement retrouvées.
La confrontation entre les quatre momies devient possible.
Une reconstitution en 3D de chaque momie est réalisée par le docteur Ashraf Selim, radiologue, et le docteur Hany Abdel Rahman Amer. Chaque portrait scanné est comparé au portrait recomposé selon les données récupérées sur les dépouilles de

---

[76] Cf. Battaggion Victor, « La momie qui n'avait pas toutes ses dents », in *Historia*, n° 729, septembre 2007, pp. 30-31.
[77] Femme inconnue A et Femme inconnue B.

Thoutmosis I, II et III. Une conclusion s'impose aussitôt. Les corps du site DB320 sont écartés.
Pour confirmer les liens de parenté entre les deux autres momies et la lignée des Thoutmosis, les experts effectuent des analyses ADN. Des échantillons sont prélevés sur la hanche et le fémur des momies, et sont comparés à ceux de la grand-mère d'Hatshepsout, Ahmès Néfertari.[78]
Les résultats mettent des mois à leur parvenir.
L'enquête n'avance plus. Laquelle de la femme obèse ou de la nourrice pourrait être la défunte reine ?
C'est alors que Zahi Hawass se rappelle du vase funéraire portant le cachet de la reine.
L'urne est passée au scanner. Parmi les organes embaumés, rien d'extraordinaire n'est relevé, si ce n'est le fragment d'une molaire.
Après examen, l'un des deux corps présente une très mauvaise dentition. Le professeur Galal el-Beheri, professeur d'orthodontie à la Faculté dentaire du Caire, est aussitôt sollicité. Le dentiste procède à l'étude des scanners du visage, compare les dents et le fragment, et finalement arrive à la certitude que le morceau trouvé dans le vase de la cache DB320 appartient bien à une molaire de la mâchoire de la dame obèse du tombeau KV60.
Hatshepsout est identifiée. Elle serait morte alors qu'elle avait environ 50 ans.
Cette découverte est officiellement annoncée le 27 juin 2007.

[78] Cf. Battaggion Victor, « La momie qui n'avait pas toutes ses dents », in *Historia*, n° 729, septembre 2007, pp. 30-31.
Le rapport citerait un morceau de dent large de 1,6 cm pour un espace de 1,7 cm.

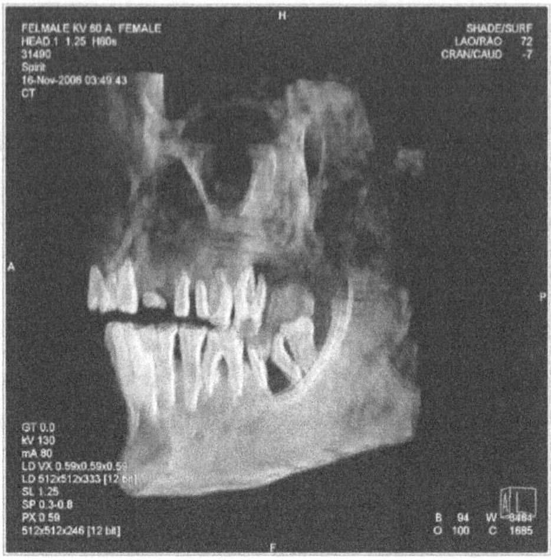

Scanner de la femme obèse du tombeau KV60 identifiée comme étant la reine Hatshepsout qui révèle l'absence d'une molaire, mais la persistance de sa racine[79].

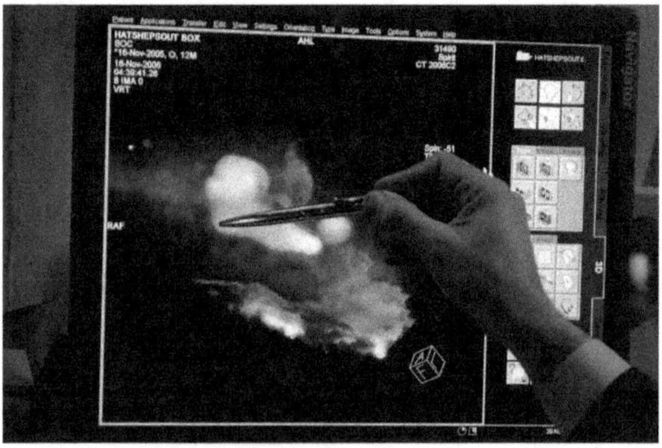

Une molaire sans racine a été trouvée dans le coffre contenant le foie d'Hatshepsout. Celui-ci est passé au scanner[80].

[79] Cf. The Supreme Council of Antiquities, *Egyptian Mummy Project*, Dr Zahi Hawass, director, communication personnelle, Cairo, Egypt, 2008, © The SCA.

[80] Cf. The Supreme Council of Antiquities, *Egyptian Mummy Project*, Dr Zahi Hawass, director, communication personnelle, Cairo, Egypt, 2008, © The SCA.

Avec tous mes remerciements au Dr Zahi Hawass pour son aide précieuse.

Références bibliographiques :
Abraham Lincoln Research Site, « John Wilkes Booth's Autopsy », in *http://members.aol.com/RVSNorton* , 2001, pp. 1-4.
American Board of Forensic Odontology, *Diplomates Reference Manual*, 2006.
Battaggion Victor, « La momie qui n'avait pas toutes ses dents », in *Historia*, n° 729, septembre 2007, pp. 30-31.
Benecke Mark, « Hitler's skull and teeth », in *www.benecke.com*, 2003, pp. 1-3.
Benecke Mark, communication personnelle, Allemagne, 2006.
Davis Tim, « Paul Revere, surgeon-dentist », in *The Revere House Gazette*, 1987, 9 ; 1-2.
Forbes Esther, *Paul Revere, the world he lived in*, Houghton Mifflin Company, The Riverside Press, Boston, 1942.
fr.wikipedia.org, *Hatshepsout*, 2008, pp. 1-6.
Hyson John Jr & Kauffman Michael, « The Mystery of John Wilkes Booth's Dentist », in *J. Hist. Dent.*, Nov 1999; 47(3): 122-125.
Kaspi André, *La guerre de Sécession, Les Etats désunis*, Découvertes Gallimard (éd.), Paris, 1992.
Keiser-Nielsen Soren, *Teeth that told*, University Press, Odense, 1992.
Kirchhoff Wolfgang (Hrsg), *Zahnmedizin und Faschismus*, Verlag Arbeiterbewegung und Gesellschaftswissenschaft, Marburg, 1987.
Lamendin Henri, *Anecdodontes*, Aventis (éd.), 2002.
MacDonald Tom, communication personnelle, Eustis, ME, U.S.A., 2006.
Maruéjol Florence, « Thoutmosis III et Hatshepsout : un trône pour deux », in *Historia*, n° 729, septembre 2007, pp. 24-29.
Paul Revere Memorial Association, Don de Mme Marion Cole, Boston, 2006.
Sognnaes Reidun, communication personnelle, Half Moon Bay, CA, USA, 2006.
Riaud Xavier, *L'influence des dentistes américains pendant la Guerre de Sécession (1861-1865)*, L'Harmattan (éd.), Collection Médecine à travers les siècles, Paris, 2006.
Riaud Xavier, *Les dentistes détectives de l'Histoire*, L'Harmattan (éd.), Collection Médecine à travers les siècles, Paris, 2007.
Riaud Xavier, *Quand la dent mène l'enquête…*, L'Harmattan (éd.), Collection Médecine à travers les siècles, Paris, 2008.
Riaud Xavier, « Identification dentaire de la reine égyptienne Hatshepsout », in *Le Chirurgien-Dentiste de France*, 06/11/2008, n° 1368, pp. 58-60.
Ring M. E., « Paul Revere – Dentist and our country's symbol of freedom », in *NY State Dent. J.*, Dec 1976; 42 (10): 598-601.
Stephenson David, « Discovering the truth, the whole tooth about Hitler's death », in *Daily Express*, Londres, 29 juin 2003, pp. 54-55.
The Supreme Council of Antiquities, *Egyptian Mummy Project*, Dr Zahi Hawass, director, communication personnelle, Cairo, Egypt, 2008.

Odontogrammes de Louis XI (1423-1483) et Charlotte de Savoie (1441-1483), sa femme[81]

Brièvement, qui était Louis XI ?

Fils de Charles VII, il naît le 3 juillet 1423. Il passe sa petite enfance enfermé au château de Loches, près de Tours. En 1439, sur ordre de son père, il part rétablir la paix dans le Languedoc, ce qu'il fait brillamment. N'ayant pas été récompensé pour ses résultats, Louis s'insurge et fomente une révolte qui est anéantie dans l'œuf, en 1440. Les combats se succèdent et lui procurent une réputation dans toute l'Europe. Fin négociateur et à la tête d'une armée féroce, il ne connaît que le succès. Sa mère décède en 1445. En conflit avec Agnès Sorel, la maîtresse de son père, il est envoyé dans le Dauphiné pour réorganiser la province. C'est là qu'il se marie avec Charlotte de Savoie en 1451, sans le consentement de son père. Celui-ci, mécontent, envoie une armée qui échoue dans un premier temps à lui faire entendre raison. Par la suite, Louis doit s'enfuir et se réfugie chez son oncle, le duc de Bourgogne. Il y reste cinq années. En 1461, Charles VII décède. Louis est devenu roi de France. Il est sacré le 15 août de cette année-là. En 1465, il dissout par sa victoire à Montlhéry, la ligue de Bien public, coalition formée par les princes qu'il fait éclater aussi par le négoce de concessions territoriales séparées. En 1467, Charles le Téméraire devient

[81] Ce chapitre n'a pas fait l'objet d'une communication à Epinal. Tout au plus, son contenu a-t-il juste été évoqué dans l'une d'entre elles. Il a été ajouté pour faire le pendant aux conférences du Dr Janot.

officiellement duc de Bourgogne[82]. Commence alors entre les deux hommes une lutte à mort qui se termine en 1477, avec la mort du vassal, après d'âpres luttes tant militaires que politiques qui ont vu un monarque exceller dans l'art de la corruption au point d'isoler à la fin de sa vie complètement le Bourguignon. Après de nombreux affrontements, des mariages et une politique habile, et subtile, Louis XI est parvenu à rattacher la Picardie, la Bourgogne, l'Artois et la Franche-Comté, à la France. Le 25 août 1483, atteint d'une hémorragie cérébrale, « l'Universelle Araigne » décède à son tour dans son château de Plessis-lès-Tours.[83]

Louis XI, l'art dentaire et les dents

Lorsqu'il était enfant, son père, Charles VII, lui a attaché un médecin, Guillaume Léothier, qui n'a eu pour d'autre charge que de veiller à la bonne santé du dauphin. En 1448, installé dans le Dauphiné dont il est le protecteur, le dauphin Louis se munit d'un barbier qui est attaché à son service personnel et qui vit dans son hôtel.[84]

Louis XI est décrit comme ayant un *« visage légèrement prognathe avec une forte bouche et un long nez.*[85] *»* Il est aussi dépeint ainsi : *« ... ses pommettes osseuses, ses joues flasques, son lourd menton, ... sa bouche dédaigneuse, ... Les mâchoires sont carnassières*[86] *; ... »*

Les opérations sur les dents de Louis XI, adulte, ont été réalisées par Olivier le Daim, son premier barbier.[87]

Quand Louis XI octroie de nouveaux statuts aux barbiers, médecins et chirurgiens, dans l'ordonnance royale de janvier 1465, il ordonne que chacun d'eux ait chez lui, en matière de

---

[82] Cf. Albou-Talbart Sylvie, Bernard Daniel et al., *Les rois de France*, Hachette Collections (éd.), Paris, 2006, pp. 66-69.

[83] Cf. Albou-Talbart Sylvie, Bernard Daniel et al., *Les rois...*, op. cit., 2006, pp. 66-69.

[84] Cf. Favier Jean, *Louis XI*, Fayard (éd.), Paris, 2001, pp. 41, 130.

[85] Cf. Favier Jean, *Louis XI*, op. cit., 2001, p. 45 et cf. Maupoint Jean, « Journal parisien de Jean Maupoint, prieur de Sainte-Catherine de la Couture (1437-1469) », in *Mémoires de la SHPIF*, IV, 1877, pp. 1-144.

[86] Cf. Bordonove Georges, *Louis XI*, Pygmalion (éd.), Paris, 2008, p. 239.

[87] Cf. Kendall Paul Murray, *Louis XI*, Famot (éd.), Genève, 1974, pp. 94, 207, 306, 308, 338, 354 et 359.

codex, le calendrier de l'année. Ainsi, avant de prescrire ou de faire une opération, ils peuvent s'assurer que la situation de la lune est favorable. En effet, les astres continuaient d'exercer une action directe sur la pauvre humanité : Saturne dominait la tête notamment et Mercure, la bouche, la langue et les dents.[88]

Olivier Le Daim, son barbier

Olivier Le Daim est né vers 1428 et est mort en 1484. Il a été l'un des principaux conseillers de Louis XI et a entrepris à la demande de ce dernier, un certain nombre de missions diplomatiques qui n'ont pas toutes été couronnées de succès.
A l'origine, il s'appelle Olivier de Neckere, - Necker signifie « diable d'eau » -, ce qui lui vaut le surnom de « le Diable ». Il est le fils de Jan de Neckere, barbier gantois établi à Thielt.
En 1457, fuyant le royaume de France, le dauphin Louis fait un séjour à Thielt où il demeure dans l'hôtellerie voisine de la maison des De Neckere. Il s'attache au jeune homme et en fait son barbier. Lorsqu'en 1461, Louis revient en France pour monter sur le trône, Olivier l'accompagne.
En récompense de services rendus en 1474, le jeune roi change le nom de son premier barbier par ordonnance en Le Daim. Par le même texte, il l'anoblit, en fait un gentilhomme de sa cour et lui donne le comté de Meulan, malgré les cris de protestation de l'actuelle noblesse. Malgré tout, Louis XI « s'emploiera à rogner les prérogatives de ces officiers, qui ne doivent leur rôle qu'à la confiance du roi et dont, pour certains, il ne sent plus la nécessité dans son entourage politique. (...) Quant à la juridiction du premier barbier (Olivier Le Daim) sur les barbiers et chirurgiens, elle est battue en brèche par les baillis royaux.[89] »
En 1476, Le Daim devient capitaine du château de Loches et gouverneur de Saint-Quentin. Particulièrement arrogant, le nouveau comte ne tarde pas à se faire des ennemis.

---

[88] Cf. Franklin Alfred, *La vie privée d'autrefois – Les médecins*, Plon (éd.), Paris, 1892, pp. 76, 202-203.
[89] Cf. Favier Jean, *Louis XI*, op. cit., 2001, p. 364.

Avec d'autres, Le Daim a été un des premiers a étudié la prothèse sur des cadavres.[90]
A Plessis-les-Tours, château où est mort Louis XI en 1483, il existe toujours le réduit où ces hommes se sont livrés à leurs dissections malgré l'opposition de l'Eglise. C'est également dans ce local qu'a été remplacé au cours d'une opération pour la première fois en France, la mandibule d'un homme par une autre en métal. L'opéré a continué de vivre pendant 29 ans.
Le Daim, quant à lui, à la mort de Louis XI, est incarcéré à la Conciergerie par ses adversaires.[91]
Il est accusé de différents crimes : vols, meurtres, emprisonnements arbitraires, etc. Condamné à mort, il est pendu au gibet de Montfaucon, le 21 mai 1484.

Olivier Le Daim et Louis XI.[92]

[90] Cf., Cecconi L. J., *Notes et mémoires pour servir à l'histoire de l'art dentaire en France*, L'Expansion (éd.), 1959, p. 114.
[91] Cf. Favier Jean, *Louis XI*, op. cit., 2001, p. 276.
[92] Cf. Hadamard, *portrait de Louis XI et Olivier le Daim* (lithographie). L'original est en date de 1850.

Controverses autour de la découverte du crâne du roi

Le mystère demeure quant à la trouvaille du crâne de Louis XI qui est enterré à Cléry.[93]

Ses restes n'ont pas été souillés lors de la Révolution française et pourtant, il n'y avait qu'un crâne dans le tombeau royal en 1889 et pas moins de cinq en 1896. Dans le grand sarcophage royal trouvé dans le caveau de l'église et d'après des témoignages de 1792, 1818 et 1889, *« ce cercueil contenait un crâne scié en deux parties. »* En 1818, le constat s'avère être le même. Le grand sarcophage *« renfermait des ossements humains et notamment un crâne scié en deux parties. »* Le procès-verbal de cette même année confirme qu' *« il n'y a rien à changer... »*

La confusion est venue du fait que de nombreux témoins ont fait l'amalgame avec des dépouilles étrangères au caveau royal.

En 1896, le docteur Duchâteau en effectue l'inventaire. Il est le premier à réaliser une étude anatomique des pièces osseuses se trouvant dans le royal cercueil. Il constate la présence de cinq crânes dans le caveau dont trois dans le sarcophage. En fait, il semble que le crâne scié soit constitué de deux fragments provenant de deux individus différents.

Dans sa description, l'abbé Saget, curé de Cléry, reprend partiellement les observations du docteur Duchâteau.[94]

Il cite dans son livre les éléments suivants :

> *« - La voûte du crâne sciée horizontalement pour l'embaumement ;*
> - *Fort maxillaire inférieur très prognathe ;*
> - *Maxillaire supérieur... »*

Ce maxillaire n'est pas mentionné dans l'inventaire du docteur Duchâteau. *« Faut-il voir dans cette pièce un nettoyage préalable du grand sarcophage avant la venue de ce dernier ?*

---

[93] Cf. Georges Patrice, « Louis XI eut-il cinq crânes ?, évolution du nombre de crânes dans le caveau royal de l'église Notre-Dame de Cléry-Saint-André (Loiret) », in *Actes du 1er colloque international de pathographie (avril 2005)*, De Boccard (éd.), Paris, 2006, pp. 195-214.

[94] Cf. Georges Patrice, « Louis XI eut-il cinq crânes ?, évolution du nombre de crânes dans le caveau royal de l'église Notre-Dame de Cléry-Saint-André (Loiret) », in *Actes du 1er colloque international de pathographie (avril 2005)*, De Boccard (éd.), Paris, 2006, pp. 195-214.
L'abbé Saget était présent lors de la visite du caveau de 1889.

L'abbé Saget a-t-il prélevé cet os maxillaire au moment où il a déposé le troisième crâne ? L'a-t-il remis quand il a compris que les deux fragments de crâne scié ne faisaient pas qu'un seul crâne ? La présence originelle de cet os n'était pas impossible ; il pourrait en effet être une partie du même crâne que la voûte crânienne sciée.[95] »
En fait, lors d'une intervention de l'abbé Saget dans le caveau, il aurait pu vouloir faire apparaître deux crânes.[96]
Dans la mesure où tout le monde croyait qu'il n'y avait qu'un seul crâne, il a dû déposer un autre crâne pour qu'un hypothétique Louis XI soit accompagné d'une hypothétique Charlotte de Savoie.
En le faisant, c'est en fait le crâne d'un troisième individu qu'il déposait… Sans le savoir, il a ajouté un troisième personnage à un couple qui était déjà représenté l'un par une voûte crânienne et l'autre par la base d'un crâne.
Plus qu'une manipulation, l'abbé, en grand admirateur de ce roi, aurait donc commis une erreur qu'il répare dans la liste de son ouvrage[97] paru en 1913.

Reconstruction faciale par ordinateur assisté

En 2001, le Dr Sergueï Gorbenko, directeur de l'Institut de reconstruction anthropologique de Lvov en Ukraine, a entrepris de reconstituer scientifiquement le visage du monarque. La méthode envisagée est la reconstruction crânio-faciale par ordinateur assisté. Après une étude mathématique et l'application de pâte à sculpter sur un moulage du crâne en résine, le vrai visage du roi de France apparaîtra aux yeux de tous.[98]

---

[95] Cf. Georges Patrice, « Le caveau royal de Cléry-Saint-André (Loiret) : que sont devenus les os de Louis XI ? », in *Les dossiers d'Archéologie*, mars 2006 ; 311 : 92-99.
[96] Cf. Georges P., Acquaviva C., Bruzek J. & al., « Etude du caveau royal et des sépultures de la chapelle des Dunois-Longueville de l'église Notre-Dame de Cléry-Saint-André (Loiret). Approche critique des données anciennes et récentes », in *Rapport d'études et perspectives de recherches nouvelles*, INRAP-SRA du Centre, Orléans, 2005, 346 p.
[97] Cf. Saget L., *Etude sur la physionomie morale de Louis XI*, Paris, 2ème édition, 1913.
[98] Cf. Lapaque Guillaume, « Louis XI révélera-t-il son visage ? », in *www.regioncentre.fr*, novembre/ décembre 2001, pp. 1-15.

Aussi, à cette fin, le chercheur est venu avec un de ses collaborateurs, à Cléry et s'est muni au préalable de toutes les autorisations requises pour effectuer un moulage du crâne de Louis XI. Cette mission s'est révélée périlleuse puisque l'os s'est avéré incomplet et ne garantit en rien la certitude d'une reconstruction.
Des prélèvements osseux ont été acheminés vers le laboratoire génétique moléculaire de l'université de Nantes.[99]
Les analyses ADN devraient fournir des renseignements précieux. Plusieurs mois seront nécessaires avant d'avoir seulement un résultat. En effet, il manque des éléments osseux à l'étage moyen et supérieur du crâne royal.

Rencontre avec Patrice Georges de l'INRAP

M. Patrice Georges de l'Institut national de recherches archéologiques préventives dirige les investigations et les études menées autour des crânes supposés de Louis XI et de Charlotte de Savoie. Alors que j'effectuais une enquête sur les problèmes dentaires de nos rois, j'ai été amené à entrer en contact avec lui. Lors de nos discussions, M. Patrice Georges m'a révélé que la dentition du crâne qui serait celui de Louis XI présentait des dents résiduelles. Sur celles-ci, des caries auraient été constatées ainsi que des infections apicales, bien qu'elles ne soient pas mentionnées sur le rapport d'expertise rendu par son équipe.[100]

---

[99] Cf. www.Loiret.com, « Du crâne au visage de Louis XI », in *Reflets du Loiret*, 28/10/2001, n° 60, pp. 1-2.

[100] Cf. Georges Patrice, communication personnelle, Saint-Orens de Gameville, 13/02/2009 & cf. Charlier Ph., Georges P., Huynh-Charlier I., Carlier R. & Poupon J., « Royales dentures. Paléodontologie et pathographie », in *Actes de la Société française d'histoire de l'art dentaire*, Paris, 20-21/03/2009, http://www.bium.univ-paris5.fr, pp. 43-46.

Rapport d'expertise communiqué par M. Georges

Il est possible de voir à la mandibule de Charlotte de Savoie, un édentement ante-mortem postérieur à la 2ème prémolaire basse droite (45), la 1ère prémolaire du même côté étant absente ante-mortem (44). Les 1ère et 2nde molaires inférieures droites (46, 47) sont absentes. Un bloc d'alvéoles vides s'étend de la canine basse droite (43) à la 2ère prémolaire gauche (35). La perte ante-mortem des 1ère et 2ème molaires inférieures gauches (36, 37) est constatable. Sur une photo de face, trois alvéoles sont visibles au maxillaire, celles de l'incisive centrale gauche (21), de la latérale gauche (22) et de la canine (23) toutes aussi vides. Toutefois, il n'y a pas de perte ante-mortem constatée au maxillaire. Un torus maxillaire sur la 38 et la 48 est noté.

Pour le crâne de Louis XI, bien que vides, toutes les alvéoles à la mandibule du côté droit sont bien nettes, excepté la 1ère molaire inférieure droite (46) qui a été perdue avant la mort. A priori, une dent est encore présente. Il s'agirait d'une canine inférieure droite (43) qui présente une usure occlusale faible. En regard de cette canine, une parodontopathie est objectivable. Les alvéoles sont perceptibles jusqu'à la 2nde prémolaire du côté gauche (35). Au-delà, il y a un édentement. Les 1ère et 2ème molaires inférieures gauches (36, 37) ont été perdues avant la mort. Pour la 36, 37 et 46, la cicatrisation de l'os alvéolaire est complète. La 3ème molaire inférieure gauche présente un granulôme radiculaire de 1,2 cm x 1,2 cm, sa profondeur étant inconnue.[101]

Au maxillaire, il reste deux dents, la canine et la 1ère prémolaire du côté droit (13 et 14) qui présentent une lyse osseuse en vestibulaire, ainsi qu'une usure occlusale à un stade plus avancé. En arrière, il ne semble plus y avoir de dents. Des alvéoles vides sont perceptibles de la 1ère prémolaire haute droite (14) à la canine haute gauche (23).[102]

---

[101] Cf. Georges Patrice, communication personnelle, Saint-Orens de Gameville, 13/02/2009 & cf. Charlier Ph., Georges P., Huynh-Charlier I., Carlier R. & Poupon J., « Royales dentures. Paléodontologie et pathographie », in *Actes de la SFHAD*, Paris, 20-21/03/2009, pp. 43-46.

[102] Cf. Georges Patrice, « Le caveau royal de Cléry-Saint-André (Loiret) : que sont devenus les os de Louis XI ? », in *Les dossiers d'Archéologie*, mars 2006 ; 311 : 92-99.

La 2nde prémolaire haute droite et la 1ère molaire haute droite (15, 16) sont absentes, ainsi que la 1ère prémolaire supérieure gauche, et la 1ère molaire haute gauche (24, 26). Pour les dents n° 15, 16, 24 et 26, la perte a été ante-mortem et l'os alvéolaire est complètement cicatrisé.[103]

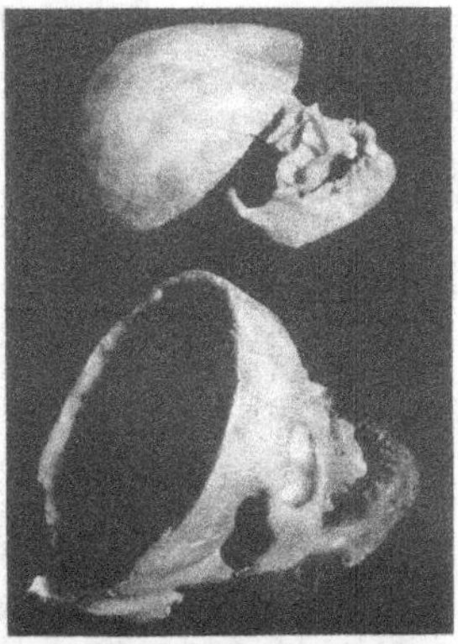

Crânes attribués à Louis XI en haut et à Charlotte de Savoie en bas.[104]

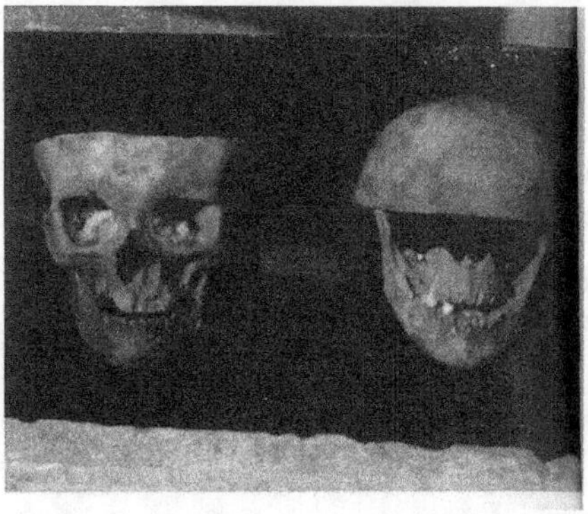

Crânes attribués à Louis XI à droite et à Charlotte de Savoie à gauche.[105]

---

[103] Cf. Georges Patrice, communication personnelle, Saint-Orens de Gameville, 13/02/2009 & cf. Charlier Ph., Georges P., Huynh-Charlier I., Carlier R. & Poupon J., « Royales dentures. Paléodontologie et pathographie », in *Actes de la SFHAD*, Paris, 20-21/03/2009, pp. 43-46.

[104] Cf. Georges Patrice, INRAP, communication personnelle, Saint-Orens de Gameville, 2007, © PG.

[105] Cf. Georges Patrice, INRAP, communication personnelle, Saint-Orens de Gameville, 2007, © PG.

Résultats

Schéma dentaire post-mortem du crâne supposé de Louis XI (1423-1483)[106]:

Maxillaire

Droite Gauche

18 17 16 15 14 13 12 11 21 22 23 24 25 26 27 28

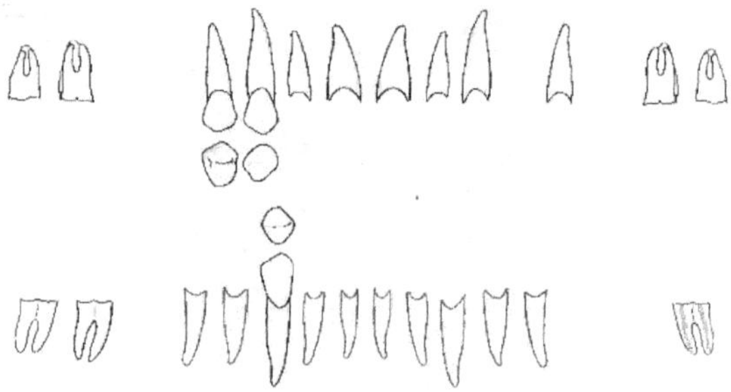

48 47 46 45 44 4342413132 33 34 35 36 37 38

Droite Gauche

Mandibule

Légende :

 : Alvéole vide (dent perdue en post-mortem).

 : Alvéole vide (dent perdue en post-mortem) présentant un kyste radiculaire.

 : Dent présente dans son alvéole d'origine.

[106] Cf. Riaud Xavier, collection privée, Saint Herblain, 2009, © Riaud Xavier. Les schémas dentaires ci-dessus et ci-après ont été réalisés grâce aux photos des crânes supposés de Louis XI et de Charlotte de Savoie que M. Patrice Georges m'a gentiment prêtées. Ces schémas ont été vérifiés et validés par le docteur Franck Domart, chirurgien-dentiste, que je remercie chaleureusement et qui s'est occupé de l'expertise odontologique (1995 ; rapport publié en 2006 aux Editions de Boccard) des restes de sainte Roseline (v. 1270-1329).

Rappel :

- Perte ante-mortem ancienne des dents n° 36, 37 et 46 à la mandibule avec cicatrisation complète de l'os alvéolaire.
- Perte ante-mortem ancienne des dents n° 15, 16, 24 et 26 au maxillaire avec cicatrisation complète de l'os alvéolaire.
- Kyste radiculaire sur la dent n° 38 de 1,2 cm x 1,2 cm (profondeur inconnue).
- Dent n° 43 avec une usure occlusale faible.
- Dents n° 13 et 14 avec une usure occlusale plus marquée.

Remarque :

« La dent n° 43 ressemble de loin à une dent bicuspidée proche d'une prémolaire inférieure. Il y a une forte perte osseuse au niveau des dents n° 15 et 16, et l'abrasion des dents résiduelles est étonnement faible pour un homme de 60 ans, au regard de l'alimentation très abrasive de l'époque. Est-il possible de donner un âge à ces restes et de confirmer leur identité ? La question reste posée.[107] »

Les dents absentes ante-mortem avec cicatrisation osseuse complète laissent à penser qu'Olivier Le Daim, barbier personnel de Louis XI et donc, ce qui s'apparente à l'époque, à son dentiste, a effectué les extractions dentaires en question.

---

[107] Cf. Georges Patrice, communication personnelle, Saint-Orens de Gameville, 13/02/2009 & cf. Charlier Ph., Georges P., Huynh-Charlier I., Carlier R. & Poupon J., « Royales dentures. Paléodontologie et pathographie », in *Actes de la SFHAD*, Paris, 20-21/03/2009, pp. 43-46.

Schéma dentaire post-mortem du crâne supposé de Charlotte de Savoie (1441-1483) [108]:

Maxillaire

Droite Gauche

18 17 16 15 14 13 12 11 21 22 23 2425 26 27 28

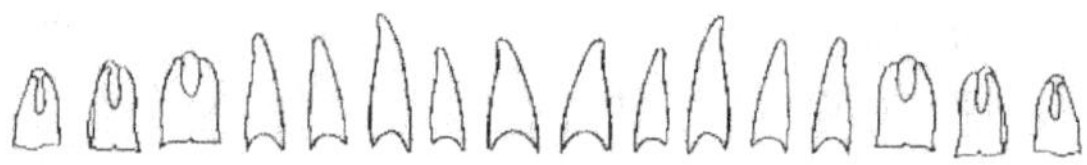

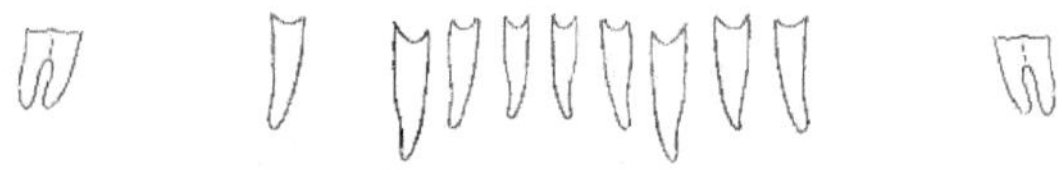

48 47 46 45 44 4342 41313233 34 35 36 37 38

Droite Gauche

Mandibule

Légende :

 : Alvéole vide (dent perdue en post-mortem).

Rappel :

- Perte ante-mortem ancienne des dents n° 44, 46, 47, 36 et 37 à la mandibule.[109]
- Torus mandibulaire en regard de la dent n° 38.
- Torus mandibulaire en regard de la dent n° 48.

Remarque :

S'il n'y a pas de perte ante-mortem en miroir, au vu de la cicatrisation osseuse antagoniste bien complète, les dents n° 16 et 17 auraient dû s'extruder et laisser des alvéoles plus courtes que la normale. Il en est de même pour les dents n° 26 et 27.

---

[108] Cf. Riaud Xavier, collection privée, Saint Herblain, 2009, © Riaud Xavier.

[109] Cf. Georges Patrice, communication personnelle, Saint-Orens de Gameville, 13/02/2009 & cf. Charlier Ph., Georges P., Huynh-Charlier I., Carlier R. & Poupon J., « Royales dentures. Paléodontologie et pathographie », in *Actes de la SFHAD*, Paris, 20-21/03/2009, pp. 43-46.

Références bibliographiques :
Albou-Talbart Sylvie, Bernard Daniel et al., *Les rois de France*, Hachette Collections (éd.), Paris, 2006.
Bordonove Georges, *Louis XI*, Pygmalion (éd.), Paris, 2008.
Cecconi L. J., *Notes et mémoires pour servir à l'histoire de l'art dentaire en France*, L'Expansion (éd.), 1959.
Charlier Ph., Georges P., Huynh-Charlier I., Carlier R. & Poupon J., « Royales dentures. Paléodontologie et pathographie », in *Actes de la Société française d'histoire de l'art dentaire*, Paris, 20-21/03/2009, pp. 43-46, http://www.bium.univ-paris5.fr.
Favier Jean, *Louis XI*, Fayard (éd.), Paris, 2001.
Franklin Alfred, *La vie privée d'autrefois – Les médecins*, Plon (éd.), Paris, 1892.
Georges P., Acquaviva C., Bruzek J. & al., « Etude du caveau royal et des sépultures de la chapelle des Dunois-Longueville de l'église Notre-Dame de Cléry-Saint-André (Loiret). Approche critique des données anciennes et récentes », in *Rapport d'études et perspectives de recherches nouvelles*, INRAP-SRA du Centre, Orléans, 2005, 346 p.
Georges Patrice, « Louis XI eut-il cinq crânes ?, évolution du nombre de crânes dans le caveau royal de l'église Notre-Dame de Cléry-Saint-André (Loiret) », in *Actes du 1er colloque international de pathographie (avril 2005)*, De Boccard (éd.), Paris, 2006, pp. 195-214.
Georges Patrice, « Le caveau royal de Cléry-Saint-André (Loiret) : que sont devenus les os de Louis XI ? », in *Les dossiers d'Archéologie*, mars 2006 ; 311 : 92-99.
Georges Patrice, communication personnelle, Saint-Orens de Gameville, 2007 et 13/02/2009.
Hadamard, *portrait de Louis XI et Olivier le Daim* (lithographie), 1850.
Kendall Paul Murray, *Louis XI*, Famot (éd.), Genève, 1974.
Lapaque Guillaume, « Louis XI révélera-t-il son visage ? », in *www.regioncentre.fr*, novembre/ décembre 2001, pp. 1-15.
Maupoint Jean, « Journal parisien de Jean Maupoint, prieur de Sainte-Catherine de la Couture (1437-1469) », in *Mémoires de la SHPIF*, IV, 1877.
Riaud Xavier, collection privée, Saint Herblain, 2009.
Saget L., *Etude sur la physionomie morale de Louis XI*, Paris, 2ème édition, 1913.
www.Loiret.com, « Du crâne au visage de Louis XI », in *Reflets du Loiret*, 28/10/2001, n° 60, pp. 1-2.

Communications du Dr Francis Janot

Archéologie funéraire et archéologie légale

Les techniques de l'archéologie funéraire révèlent souvent des corps dont la position des ossements est à la base de nombreuses interrogations sur les circonstances qui les ont provoquées.

C'est pourquoi l'enregistrement des connexions anatomiques les unes par rapport aux autres est absolument capitale dans le mécanisme de décryptage d'un « corps » inclus dans son « terrain ». Avant de procéder à l'extraction des ossements, les relevés, - dessins et photographies -, doivent avoir été réalisés au préalable, car les données seront irrémédiablement perdues.

A ce propos, la mise en évidence manuelle des 206 os du squelette est une phase opérationnelle qui devient absolument essentielle. Bien qu'elle puisse être malaisée, elle seule permet une lecture précise d'actes perpétrés sur ou/et autour du corps qui, trop souvent, sont interprétés, de prime abord, comme relevant d'un rituel funéraire plutôt que d'un banal acte criminel.

C'est le cas du squelette présenté dans cet article. En effet, sa position extraite du limon du Nil autorise la description d'un cas de mort suspecte ... au IVe ou au Ve siècle après. J.-C. dans les sables nubiens.

En effet, ce squelette a été mis au jour lors de la fouille de la descenderie de la tombe IIT66 de la nécropole de Sedeinga, implantée en Nubie soudanaise entre la 2ème et la 3ème cataracte du Nil.

Le dégagement de la première marche de la descenderie fait apparaître un crâne intact avec sa face tournée vers l'Est, le regard fixé vers l'horizon du Nord.

La fouille dégage, suivant la pente, le squelette d'un homme, âgé de 40-45 ans au moment du décès. Allongé en décubitus dorsal le long de la paroi nord de la rampe, il mesure 1,70 m en position. L'homme est sans aucun doute de forte corpulence et doté d'une puissante musculature. En effet, les pièces osseuses, de couleur jaune foncé, sont fortes avec des zones d'attaches musculaires bien marquées.

La désorganisation anatomique (fig. 1 et 2)

Sous le crâne, l'atlas et l'axis (1ère et 2ème vertèbres cervicales) sont détachés du condyle de l'os occipital. Puis, la troisième vertèbre cervicale « flotte » sous la pointe mentonnière de la mandibule. En place, l'os hyoïde est intact. La quatrième vertèbre cervicale (C4) est retrouvée entre le grill costal droit alors que la C5 sera découverte, plus tard, entre les cuisses du défunt. Le rachis dorso-lombaire et le grill costal, qui apparaissent, n'ont pas subi de remaniement.

Au niveau du bras gauche, la tête humérale est bien engagée dans la cavité glénoïde de l'omoplate. Le coude et l'avant-bras sont également en connexion. Seule la main gauche a disparu. Elle sera découverte au niveau de la face postérieure de la diaphyse du fémur droit. Son architecture, - carpe, métacarpes et phalanges -, habituellement très labile, est en parfaite connexion. Enfin, indice important à noter : la main se présente par sa face dorsale.

Le membre supérieur droit n'est retrouvé qu'au niveau des jambes, précisément sous la main gauche en contact avec l'omoplate droite. Dès lors, il devient facile de dégager le bras droit maintenu en connexion anatomique parfaite. Sous les cuisses, sa direction est perpendiculaire à l'axe du corps. L'avant-bras et la main forment alors un angle de 90° le long de la jambe gauche. La main se présente également par sa face dorsale.

Le reste du squelette est en parfaite connexion. Les jambes sont allongées, les deux pieds réunis.

La cause de la mort inconnue

A part la désorganisation des vertèbres cervicales, aucune marque de violence ou de traumatisme n'a été mise en évidence sur le crâne et le squelette de cet homme. En effet, l'examen des vertèbres ne montre aucune lésion de type incision, signe en faveur d'un égorgement. De plus, l'apophyse odontoïde de l'axis n'est pas fracturée. Il en est de même pour l'os hyoïde qui ne présente aucune fracture de ses cornes, signe médico-légal d'une strangulation manuelle ou au lien.

De plus, la forte pente de la descenderie ou l'action d'un animal fouisseur pourraient être les causes de la désorganisation du rachis cervical.

La position suspecte des mains

La disposition des mains fait penser à une situation imposée : une contrainte par un lien réunissant les deux mains dans le dos (fig. 3). L'emplacement de la main gauche est celui du moment de l'enterrement. Ainsi, le bras droit a glissé selon le phénomène de gravité accentué par l'amplitude de la pente.

La main gauche qui repose sur l'omoplate droite permet d'affirmer que le bras gauche a été contraint le premier et placé au contact du dos.

Bien que la cause de la mort soit indéterminée, il est possible d'affirmer que le corps n'a été ni jeté, ni basculé depuis le bord de la descenderie comme on aurait pu le faire avec un vulgaire condamné à mort. Celui-ci a été déposé dans son ultime position que la fouille a retrouvée.

Mis en évidence dans les caveaux des nécropoles royales et princières de Méroé, de Qustul et de Ballana (1), la présence de ce squelette « surnuméraire » aurait orienté le discours archéologique vers la théorie, ô combien discutée, du « mort d'accompagnement », serviteur sacrifié pour accompagner ses maîtres qui reposent dans le caveau de la tombe II T66 (2). Malheureusement, les observations et les indices recueillis ne peuvent accréditer un tel scénario. Plus simplement, ce cas de mort suspecte pourrait être relié à des violences, qui appartiennent à la vie quotidienne de ces habitants de Haute Nubie, que les indices anthropo-archéologiques ne pourront jamais révéler.

Vers une archéologie « légale »

L'application stricte des techniques de l'archéologie funéraire est à l'origine de la découverte de cette série d'indices. C'est pourquoi, il m'apparaît dorénavant possible de transposer la méthodologie utilisée dans le cadre historique au cadre irrémédiablement moderne que constitue la scène de crime extérieure localisée ou non.

En effet, dans les deux situations, les conditions d'accès au corps sont rarement idéales et toujours différentes. De plus, la finalité du travail de dégagement est également la même : il s'agit de conserver le maintien de l'ultime position du corps, telle qu'elle se présente sans disloquer, ni modifier les fragiles et instables connexions anatomiques des os entre eux. Ensuite, il s'agit d'identifier les micro-événements qu'il faut ensuite tenter d'analyser le plus finement possible.

Un tel geste opératoire, totalement manuel, exige de la pratique et surtout de l'attention. Selon l'environnement et l'état de décomposition dans lequel se trouve le corps, sa mise au jour peut prendre plus ou moins de temps.

Il faut obtenir la vision la plus large possible de la position complète du corps, indispensable à la photographie et au dessin, pour être capable de décrire avec précision l'ultime geste perpétré par l'embaumeur ancien ou par le(s) criminel(s).

Enfin, il faut également enregistrer avec une extrême précision la place et la position de tous les objets déposés volontairement ou oubliés dans la précipitation du moment. Naturellement, les photographies, comme les reconstructions 3D, sont là pour pallier une mémoire vite confuse.

Dans tous les cas, il s'agit de reconstituer au mieux l'ensemble de différentes séquences liées à l'ensevelissement. L'attention est forte, car la quête du moindre indice, du plus petit détail est portée à son comble.

De plus, il est indispensable de figer, autant que possible, l'aspect du lieu dans tous ses détails afin de procéder, avec méthode, calme et minutie, à toutes les constatations dans la zone d'exclusion judiciaire dans laquelle se trouve le corps (3).

A l'évidence, sa gestion doit bénéficier d'une véritable analyse qualitative pertinente avec « des principes méthodologiques spécifiquement scientifiques » (4) dont l'archéologie légale est assurément la discipline reine (5). Ainsi, il importe de procéder au gel des lieux le plus vite possible tout en demandant une rapidité d'intervention aux spécialistes de la scène de crime : techniciens de l'identification criminelle (TIC) + archéologue expert (6).

C'est bien de la rigueur de la mise en évidence du corps et des objets associés que dépend la pertinence des informations quantitatives et qualitatives qui sont ensuite prélevées.

La méthodologie qui consiste à analyser des indices, puis à démontrer une relation entre eux et, enfin, à en faire la synthèse correspond parfaitement à une démarche scientifique moderne interdisciplinaire et diachronique qu'il faut maintenant appliquer aux corps anciens ou modernes, découverts dans les musées, les fouilles archéologiques et les scènes de crime.

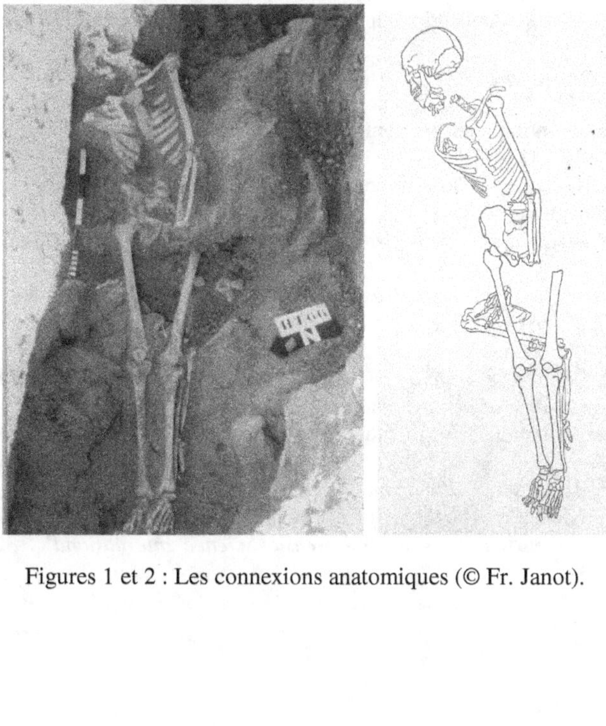

Figures 1 et 2 : Les connexions anatomiques (© Fr. Janot).

Figure 3 : Mains liées dans le dos. Statuette africaine.
(Collection particulière, Turin, © Fr. Janot).

Notes bibliographiques :

(1) P. Lenoble, « Les « sacrifices humains » de Méroé, Qustul et Ballana 1. Le massacre de nombreux prisonniers », *Beiträge zur Sudanforschung* 6, Berlin, 1996, pp. 59-87.

(2) A. Testart, « Doit-on parler de « sacrifice » à propos des morts d'accompagnement ? », dans J.-P. Albert, B. Midant-Reynes, *Le sacrifice humain en Egypte ancienne et ailleurs, Étude d'égyptologie* 6, Paris, 2005, pp. 34-57.

(3) *Scènes de crime et indices matériels. Sensibilisation du personnel non spécialisé, UNODC*, Centre international de Vienne, Nations Unies, New York, 2009, pp. 1-27.

(4) F. Crispino, *Le principe de Locard est-il scientifique ? Ou analyse de la scientificité des principes fondamentaux de la criminalistique,* Ecole des sciences criminelles - Institut de police scientifique, Lausanne, 2006, pp. 1-166.

(5) J.-P. Beauthier, *Traité de médecine légale*, Bruxelles, 2009, p. 245.

(6) L.L. Menez, « The Place of a Forensic Archaeologist at a Crime Scene involving a buried Body », in *Forensic Science International*, 152, 2005, pp. 311-315.

Indices archéologiques de la « vie » d'une tombe au cours du temps

La zone fouillée par la mission du musée du Louvre dans la nécropole de Saqqara est située immédiatement au nord de la chaussée d'Ounas et au sud-est du complexe funéraire de Djéser. Elle s'étend sur une surface d'environ 8 000 m^2 et, par endroit, atteint un dénivelé d'environ 10 m.

Le travail de dégagement du niveau Ancien Empire à la recherche du mastaba d'Akhethetep a continué une fois l'objectif atteint. Ainsi, chaque nouvelle campagne a donné lieu à la mise au jour d'une nécropole formée de sarcophages qui, dans l'ensemble, n'ont pas été pillés dans l'Antiquité. Ainsi, toute une population, de la fin de l'époque dynastique et du début de l'époque ptolémaïque, émerge de la dune de sable. Ce sont des sépultures modestes, caractérisées par des sarcophages décorés et déposés sur plusieurs niveaux. Pour le moment, les archéologues ne peuvent décrire quels moyens les fossoyeurs employaient pour organiser une telle distribution des enterrements.

En revanche, le type de sarcophage, leur décoration, l'inscription hiéroglyphique présente ou non, les objets de faible valeur, mais chargés d'émotions, sont révélateurs du niveau social de chacun. De plus, il y a là des hommes, des femmes et des enfants qui portent dans leurs vestiges osseux et dentaires les marques révélatrices de leur vie quotidienne. De fait, l'apport de l'odontologie dans cette étude est bien évidemment très important (1).

Mais le propos de cet article s'intéresse à la découverte en 2003, d'une série de tombes inviolées (2) : précisément à la mise au jour, à moins 10 m de profondeur, de la tombe anonyme dite « A » (3). En effet, c'est la fouille d'un modeste puits rempli de sable sur plusieurs mètres qui est à l'origine d'une émotion qui résonne encore en moi à chaque fois qu'elle est évoquée.

De fait, le fouilleur égyptien, qui éliminait avec attention le sable, m'a appelé pour m'indiquer la présence d'une fenêtre taillée dans la paroi en calcaire. Après un moment de stupeur et la descente dans la bouche du puits, force m'a été de constater la présence d'un trou de forme rectangulaire taillé juste pour permettre le passage d'un homme en position allongée.

Une fois la lampe de poche introduite dans l'espace noir, c'est une tombe fermée, depuis près de 2500 ans, qui s'est offerte à ma vue (fig. 1). Elle contenait tout un ensemble d'inhumations disposées soit dans des fosses, soit dans des sarcophages en bois ou en pierre, ainsi qu'un fagot de momies empilées sur du sable, près de la porte d'entrée.

De plus, il existait deux enterrements déposés dans des *loculi*.

Certes, les études scientifiques doivent s'attacher à la description et à la datation de l'ensemble des enterrements, des objets et des céramiques découverts, tout en les positionnant rigoureusement. C'est finalement le travail habituel d'un égyptologue. Naturellement, il faut également décrypter les actes et les croyances religieuses qui s'étalent sous nos yeux.

Mais, il est également possible pour l'archéologue doté d'une compétence en odontologie légale et en criminalistique d'appliquer les méthodologies spécifiques dans la recherche d'indices qui permettent de reconstituer, comme dans une scène de crime contemporaine, les différents scénarios qui ont pu amener à l'état final de la tombe jusqu'au moment de sa découverte.

En effet, comme dans *Le mystère de la chambre jaune* (3), la scène d'archéologie égyptienne se déroule sous nos yeux dans une tombe dont la porte est parfaitement fermée de l'intérieur. Pourtant, celle-ci est restée ouverte pendant une période, plus ou moins longue, comme en témoigne l'important dépôt de sable qui s'est accumulé en pénétrant par le puits d'origine.

A un temps donné, pour des circonstances inconnues, la porte a été entièrement close par l'accumulation de briques crues, disposées depuis l'extérieur, car la masse de sable de la tombe n'a pas été retirée. Pourquoi ? Bien malin celui qui pourrait l'expliquer.

Une certitude : à un autre moment dans la chronologie de la tombe, des Égyptiens, sans doute ceux qui ont creusé le puits et la fenêtre, ont pénétré cet espace pour se l'approprier et le modifier en y déposant leurs propres défunts tout en préservant les sarcophages précédents.

Dans l'angle nord-ouest, les céramiques, natte, panier et coupelles ont été jetés sans ordre directement sur le niveau originel de sable. Manifestement, ils ont servi aux étapes de momification. Dans le même temps, la bande de sable destinée à recevoir le fagot de momies a été nivelée, puis façonnée à la dimension des corps avant de les y déposer.

L'archéologue peut bien évidemment reconstituer l'ordre de dépôt de ces corps médiocrement bandelettés et des autres céramiques. Ils appartiennent à une période très tardive.

Puis, les officiants se sont servis d'un beau cercueil richement décoré, propriété selon les hiéroglyphes d'une certaine dame Bastetirdis, comme élément de calage afin d'empêcher toute désorganisation du dépôt de momies. Il existe une preuve de cette volonté : deux briques en terre cuite ont été disposées sous le cercueil afin de le maintenir fermement en place.

Mais d'où vient ce cercueil ? Manifestement, il appartient à une dame de bonne condition de la XXV-XXVIIe dynastie. Chronologiquement, il n'a rien à voir avec les momies qui sont beaucoup plus récentes. De plus, à son ouverture, il contenait un corps bandeletté qui, manifestement, provenait du fagot de momies. La momie originale a donc été remplacée par un second occupant. Il en est de même pour l'autre sarcophage de bois de la tombe.

Enfin, un lot de six fragiles boisseaux de roseaux, une natte roulée et une jarre surmontée d'une coupe ont été déposés en dernière intention. Les deux céramiques sont remplies de tissus et de résine provenant des opérations d'embaumement.

Sans doute possible, il existe un lien entre les corps et le matériel d'embaumeurs.

Afin de ne pas troubler plus avant les esprits, il me faut souligner également la présence de deux enterrements dans les parois de la tombe, de cinq autres déposés dans des fosses recouvertes ou non de dalles, sans oublier le lourd sarcophage en calcaire scellé.

D'évidence, d'après leur taille, les sarcophages de bois et de pierre n'ont pu être introduits dans la tombe que par la porte d'entrée. Mais à quel moment ? Pourquoi ? L'archéologie ne peut donner aucune explication, seulement en faire la constatation.

Enfin, la tombe dont l'architecture est inachevée, ce qui est un signe d'abandon, appartient par son décor à l'Ancien Empire.

Il me faut arrêter là cette description, car la vision de l'intérieur de la tombe A, que nous avons eu par la fenêtre, est celle des derniers Égyptiens qui en sont sortis, il y a plusieurs millénaires.

Ainsi, la scène qu'ils ont créée et laissée intacte, pour notre plus grand bonheur, devient, dès sa découverte, une scène d'archéologie qui dévoile les croyances rituelles et funéraires en vigueur à une époque tardive, ainsi que les contraintes matérielles rencontrées.

L'étude, l'analyse des faits et leur mise en séquence chronologique deviennent alors une véritable enquête policière qui est loin d'être résolue.

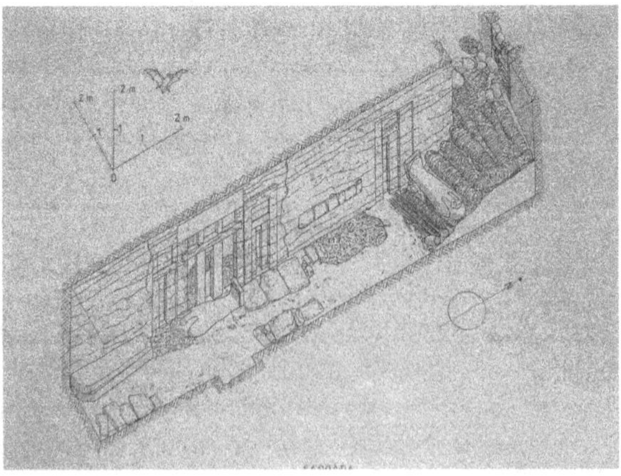

Figure 1 : Relevé en trois dimensions de la tombe A (dessin : J.-P. Adam).

Notes bibliographiques :

(1) Le quatrième volume des fouilles de la mission archéologique française du musée du Louvre à Saqqara sera dédié à cette nécropole et à ses habitants.

(2) La découverte de cette tombe a été parfaitement mise en images dans le film de F. Wilner, « Le trésor enfoui de Saqqara », *Des Racines et des Ailes*, France 3, 2004.

(3) La fouille et le riche matériel archéologique découvert font l'objet de la seconde publication pluridisciplinaire en cours de parution. C'est pourquoi mon propos sera précisément axé sur les indices qui viennent en appui de ma démonstration sans en dévoiler trop. Les lecteurs intéressés voudront bien se reporter au volume : Chr. Ziegler (éd.), *Fouilles du Louvre à Saqqara* vol. 2, *La nécropole de Basse Epoque : les tombes F7, F17, H, J1, Q et N, Musée du Louvre*, Peeters, Paris, Louvain.

(4) G. Leroux, *Le mystère de la chambre jaune*, Paris, 1920.

La marque révélatrice d'une profession portée par l'organe dentaire de la momie de Grenoble

L'odontologie, spécialité médicale, possède une large palette de disciplines et de techniques qui trouvent leurs applications dans la connaissance de la vie quotidienne des Égyptiens anciens. En effet, elle peut et doit, en parfaite symbiose interdisciplinaire, prendre une part active à la restitution des populations disparues. C'est à dire à l'histoire des hommes.

Ma double compétence me permet d'être un interlocuteur privilégié entre les divers domaines médicaux et les conservateurs de musée. Fort de plusieurs expériences européennes de coordinations scientifiques d'études pluridisciplinaires de momies égyptiennes (musée des Beaux-Arts de Riga, musée archéologique de Biella (Piémont), musée égyptien de Turin), il m'est maintenant possible de proposer l'étude de corps anciens conservés dans les collections françaises.

En mars 2008, la momie d'une femme d'époque copte, conservée dans les collections du musée des Beaux-Arts de Grenoble, a subi une étude tomodensitométrique dans la clinique universitaire de radiologie de l'Hôpital A. Michallon (fig. 1) (1).

Ensuite, les reconstructions multiplanaires et tridimensionnelles ont été réalisées au sein de l'équipe Mosel du Laboratoire lorrain de recherche en informatique et ses applications (LORIA) de l'université Henri Poincaré – Nancy 1.

L'examen macroscopique et le scout-view en découlant montrent le squelette d'une femme d'aspect gracile, âgée d'une quarantaine d'années au moment du décès. Étendue en décubitus dorsal, ses bras sont allongés le long du corps avec les mains originellement réunies au niveau du pubis.

Si la cause de sa mort reste inconnue, sa stature est estimée à 1,54 m de longueur (fig. 2 et 3).

L'examen odontologique

La momie est retrouvée la bouche largement ouverte.

La reconstruction tridimensionnelle des structures maxillo-faciales autorise la reconnaissance d'une exostose (ou enthèse) située au niveau de l'angle goniaque droit, précisément sur la zone d'insertion des trois faisceaux musculaires du masséter. En effet, le muscle se termine au niveau de l'angle goniaque par des lames tendineuses insérées sur les crêtes rugueuses qui apparaissent très fortement marquées (2) (fig. 4).

L'examen macroscopique étant impossible sous peine d'endommager le corps, le scanner révèle, du côté gauche, l'inclusion de la canine inférieure (33) ainsi que la perte ante-mortem de la deuxième prémolaire (35), et de la première molaire (36). A ce niveau, l'os mandibulaire est parfaitement cicatrisé.

Du côté droit, les vues 3D montrent que la première molaire supérieure (16) ne subsiste plus qu'à l'état de racines dans le maxillaire supérieur. Au niveau de leurs apex, se trouvent des kystes radiculaires qui signent la chronicité de l'infection. Quant à la troisième molaire (18), son alvéole est vide. Pourtant, la dent gît intacte à la gauche de la cinquième vertèbre cervicale sur la planche de sarcophage.

Son expulsion post-mortem ainsi que la rupture de l'axe vertébral au niveau de la troisième vertèbre cervicale sont les conséquences directes des nombreuses manipulations intempestives réalisées au niveau de la tête, lors des déplacements de son tombeau à son dépôt dans les collections du muséum de Grenoble

Les prélèvements biologiques

Sous contrôle radiologique, une série de prélèvements biologiques ont ensuite été réalisés.

Ainsi, au niveau de la région occipitale supérieure, les manques du bonnet ont permis de saisir une mèche de son abondante chevelure.

Enfin, il a été prélevé de l'os compact de la diaphyse fémorale gauche afin de permettre la datation au carbone 14 de la défunte.

Ces prélèvements ont été ensuite confiés aux laboratoires spécialisés.

La marque révélatrice sur l'organe dentaire

Les vestiges osseux et dentaires peuvent être porteurs, dans leur intimité, de marques révélatrices occasionnées par l'exercice d'une profession (3) (fig. 5 et 6).

Ainsi, les surfaces coronaires du groupe incisif supérieur (11, 12, 21, 22) de cette femme sont porteuses d'une rainure, de direction mésio-distale, qui est une perte de substance parfaitement indépendante de toute mastication (4). Elle débute de l'incisive latérale supérieure gauche (22) pour se terminer au point de contact distal de l'incisive latérale supérieure droite.

En vue palatine, les surfaces de contact d'aspect polymorphe sont très marquées selon la dent. La dentine, qui est mise largement à nu, porte un schéma de mastication consécutif à des frottements répétitifs sur une substance dure introduite transversalement dans la bouche.

De fait, l'objet inséré n'a épargné qu'un modeste pan d'émail vestibulaire et palatin de la couronne de l'incisive supérieure gauche.

De plus, des stries parallèles, de direction horizontale, les unes au-dessus des autres, sont identifiées sur la face vestibulaire de la canine gauche. Manifestement, elles sont dues aux insertions répétées du même objet.

Les indices d'anatomie dentaire relevés restituent un mouvement d'interposition d'un objet entre les dents qui commence du côté gauche de la denture (à partir de la 22). La face vestibulaire de la canine (23) fait alors fonction de guide. Ainsi, il est possible d'affirmer que cette femme était à prédominance gauchère.

Effectué des milliers de fois, le mouvement fonctionnel est donc sans aucun doute en relation directe avec la profession exercée par la défunte.

Le geste professionnel reconstitué

Il est donc possible de proposer une reconstitution de la gestuelle accomplie. Ainsi, les usures polymorphes identifiées sur le groupe incisif supérieur sont provoquées par un mouvement fonctionnel mandibulaire d'avant en arrière qui fait pendant au mouvement manuel oscillatoire de la main gauche qui travaille également à un mouvement de tirage de dedans en dehors pour obtenir une dilacération des fibres de la racine. La face vestibulaire de la 23 fait alors office de calage, tandis que la couronne de la 22 sert de guide de positionnement.

De plus, l'usure maximale des surfaces occlusales du groupe incisif droit (11,12) est consécutive à l'activité musculaire massétérine due aux multiples forces exercées lors de la dilacération des fibres. Cette activité des faisceaux musculaires a modelé la face externe de la branche montante droite de la mandibule et entraîné une contrainte maximale sur la zone osseuse de l'insertion inférieure du muscle au niveau de l'angle mandibulaire. L'exostose (ou enthèse) observée sur l'angle goniaque droit en est la conséquence directe. Elle est la réponse osseuse à cette contrainte répétée tout au long de l'activité professionnelle de la défunte de Grenoble.

Naturellement, l'ensemble du mouvement réalisé induit une salivation abondante.

Nature de l'objet utilisé

Il s'agit maintenant de retrouver l'objet qui a laissé une telle abrasion. Plusieurs hypothèses sont envisageables : une activité musicale, un travail de vannerie et de cordes, un travail de tissage, de cuir ainsi que les troubles de bruxomanie.

Malheureusement, aucune des marques induites sur la denture par ces différentes activités ne correspond à celles relevées sur la défunte de Grenoble.

Heureusement, cette marque odonto-légale possède un parallèle dans la statuaire africaine. En effet, le mouvement d'interposition d'une racine est reconnu sur des statuettes en bois de chefs et de devins des ethnies kôngo/vili et kôngo/yombé de la république démocratique du Congo (fig.7).

Par un mouvement de dilacération des fibres de la racine-*munkwisa* (5), le jus extrait a des vertus hallucinogènes qui exacerbent les pouvoirs de clairvoyance et de vision.

Les études pharmacologiques montrent que l'écorce de cet arbuste contient un puissant alcaloïde : l'ibogaïne qui stimule le système nerveux central. Selon la dose ingérée, il entraîne des hallucinations, des tremblements, voire des convulsions (6).

Une activité de voyance ?

Les indices anatomiques mis en lumière invitent à entrer plus avant dans le bien maigre dossier concernant les membres du personnel religieux occupés plus spécialement aux questions oraculaires, orales et écrites, à partir du Nouvel Empire en Égypte.

La technique la plus couramment utilisée est celle dite des « billets couplés » (7). De nombreux papyrus écrits en hiératique, en démotique, en grec et en copte attestent une vogue croissante de cette pratique durant les trois premiers siècles et une longévité jusqu'aux VIIe - VIIIe siècles après J.-C. (8).

Dès lors, l'Égyptienne ancienne du muséum de Grenoble pourrait être porteuse, sur son organe dentaire, d'une marque révélatrice d'une activité de clairvoyance. En effet, s'il est impossible de rattacher cette femme au clergé féminin d'un temple, celle-ci aurait pu exercer une activité de voyance, rémunérée par des « patients », angoissés d'apporter des réponses à leur futur proche. Malheureusement, il n'existe ni texte, ni matériel archéologique précis pour étayer cette hypothèse. Toutefois, l'existence de pratiques de divination est bien démontrée par l'existence de billets oraculaires à Antinoé, ville de la défunte, à l'époque copte.

Manifestement, notre démonstration formelle scientifique n'est pas encore complète. En effet, l'analyse toxicologique des cheveux, encore en cours, apportera peut-être, comme en criminalistique, la preuve indicative ou disculpante de la consommation ou pas d'un produit stimulant. En effet, cette étude obéit aux mêmes règles qu'une enquête judiciaire.

Cette marque révélatrice occasionnée par une activité professionnelle est, pour la seconde fois, mise en évidence sur l'organe dentaire (9). Une telle trace n'avait pas, jusqu'à présent, été décrite. Ce succès scientifique majeur doit être porté au crédit de l'association étroite de plusieurs disciplines dont l'odontologie est assurément, dans ce cas précis, l'élément déterminant. De fait, l'interpénétration des disciplines médicales, numériques et historiques est dorénavant indispensable dans une nouvelle approche biologique du corps ancien et dans la compréhension de la vie quotidienne de populations disparues.

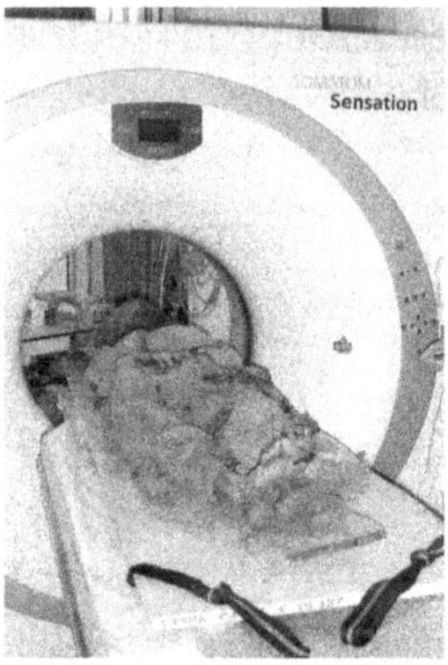

Figure 1 : La mise en place de la défunte dans le scanner (© Fr. Janot).

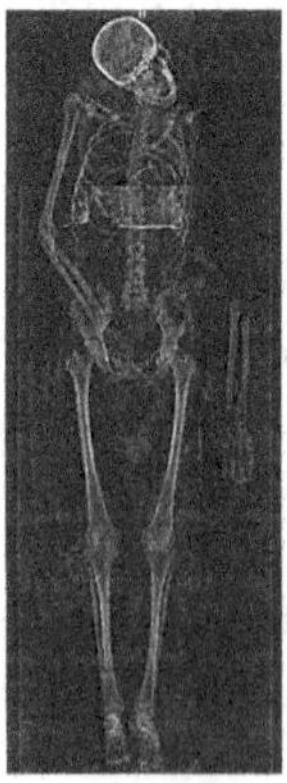

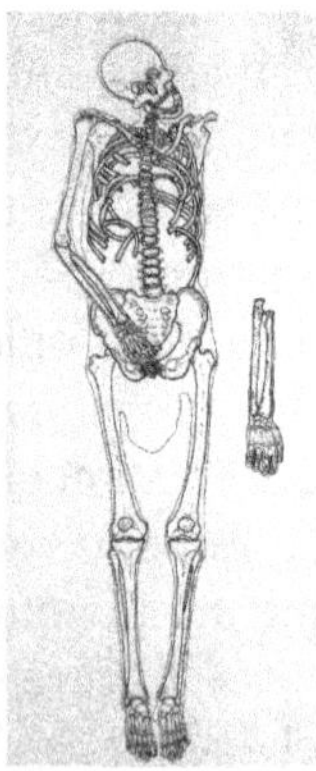

Figure 2 : Le scout view du corps entier (Cl. Service de radiologie, Hôpital A. Michallon).
Figure 3 : Les connexions anatomiques (© Fr. Janot).

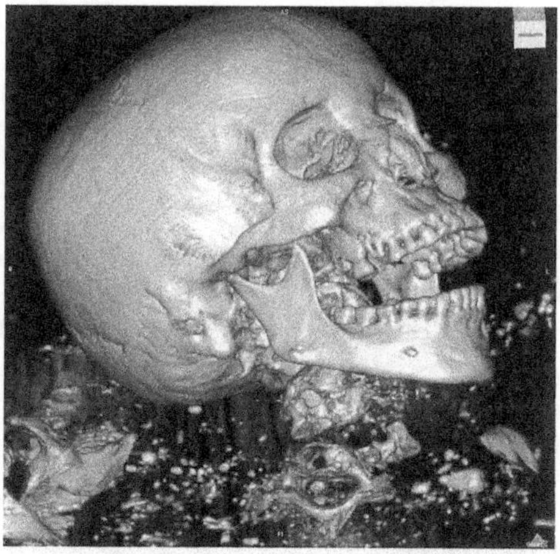

Figure 4 : Vue de profil droit du crâne (© Didier Fass).

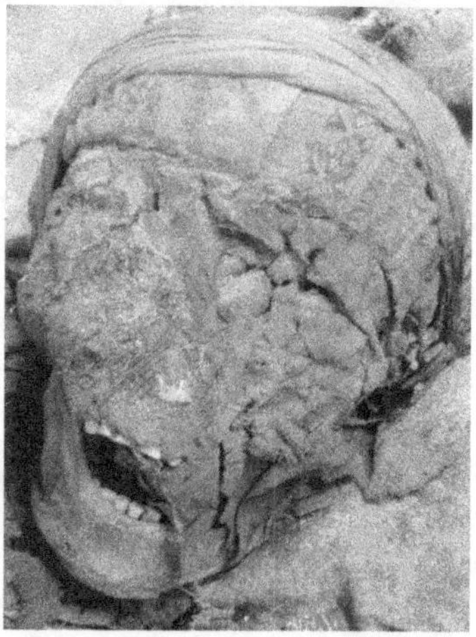

Figure 5 : La tête de la défunte (© Fr. Janot).

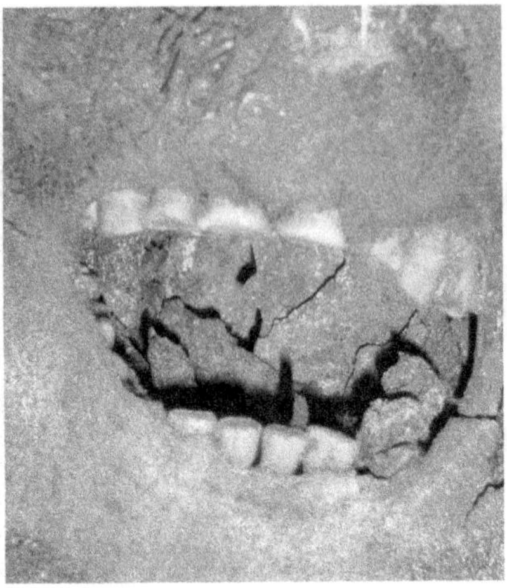

Figure 6 : La marque révélatrice (© Fr. Janot).

Figure 7 : Une statuette en bois de l'ethnie kôngo/yombé (hauteur : 15 cm, collection particulière, © Fr. Janot).

Notes bibliographiques :

(1) J'exprime toute ma reconnaissance à Armand Fayard, directeur du muséum d'histoire naturelle, à Guy Tosatto, directeur du musée de Grenoble, à Hélène Vincent, conservateur en chef au musée de Grenoble, et à Fabienne Cottin, assistante de conservation au musée de Grenoble, pour la confiance qu'ils ont témoignée en autorisant le déplacement et l'étude de la « prophétesse » au CHU de Grenoble.
Je remercie également chaleureusement l'équipe technique et de restauration du musée de Grenoble.

Mes plus vifs remerciements vont au professeur Gilbert Ferretti et à son équipe, pour leur précieuse et indispensable collaboration à cette première étude pluridisciplinaire.
(2) H. Rouvière, *Anatomie humaine : Tête et cou* 1, Paris, 1974, pp. 98-99 ; fig. 81 ; pp. 145-148.
(3) A. Nicefero, *La police et l'enquête judiciaire scientifique*, Paris, 1907, p. 249.
Mes remerciements s'adressent aussi aux docteurs Christophe Amory, Gilles Bourret, Jean-François Thiébaut et Hervé Vitte de la Faculté d'odontologie de Nancy, pour leurs suggestions et conseils si avisés.
(4) Voir l'étude détaillée de la marque odontologique, Fr. Janot, D. Fass, « Le corps d'une « prophétesse » ? », *Mitteilungen des Deutschen Archäologischen Institut Kairo*, Berlin, 2011 (à paraître).
(5) R. F. Thompson, « La gestuelle Congo », *Catalogue de l'exposition : le geste congo*, musée Dapper, Paris, 2002, pp. 68-69.
(6) A. Viala, A. Botta, *Toxicologie*, Paris, 2005, p. 833.
(7) D. Valbelle, G. Husson, « Les questions oraculaires d'Egypte : histoire de la recherche, nouveautés et perspectives », dans W. Clarisse, A. Schoors, H. Willems (eds.) *Egyptian Religion. The last Thousand Years, Studies dedicated to the Memory of Jan Quaegebeur, Orientalia Lovaniensa Analecta* 85/2, Leuven, 1998, p. 1063.
(8) D. Valbelle, G. Husson, *op. cit.*, pp. 1063-1065 ; B. Anasgnostou-Canas, « « Justice » oraculaire dans l'Egypte hellénistique et romaine », *Rev. hist. droit* 76/1, 1998, p. 5.
(9) Fr. Janot, « Une occupante inattendue de la pyramide du roi Pépy Ier », Bulletin de l'Institut français d'archéologie orientale 100, Le Caire, 2000, pp. 347-369 ; Fr. Janot, « Odontologie et archéologie égyptienne : une femme cordonnière retrouvée sur la pyramide du roi Pépy Ier à Saqqara », *Bulletin de l'Académie nationale de chirurgie dentaire* 46, Paris, 2003, pp. 35-42 ; Fr. Janot, *Momies. Rituels d'immortalité dans l'Egypte ancienne*, Paris, 2008, pp. 348 - 351.

« Criminalistique et archéologie » : émergence d'une nouvelle discipline

L'année universitaire 2009-2010 a vu la naissance du nouveau master Nancy - Université intitulé : « Éthique de la santé et médecine légale » sous la direction du professeur Henri Coudane, doyen de la Faculté de médecine et responsable de l'unité de médecine légale, et de droit médical.

Le projet, première nationale, a été rendu possible grâce à une étroite collaboration avec le docteur Pierre Bravetti, doyen de la Faculté d'odontologie, et avec le professeur Jean-Paul Artis, président de la compagnie des experts judiciaires près la Cour d'Appel de Nancy.

Structures du master

Le parcours général définit deux spécialités qui sont intitulées : « éthique, communication, expertises et droits de la personne » et « criminalistique et archéologie », en regroupant, dans une approche lorraine, la complémentarité des compétences et des savoirs des différentes Facultés des sciences de la vie et de la santé de Nancy 1 avec les Facultés des Lettres, et de Droit de Nancy 2, avec l'INRAP (Institut national de recherches archéologiques préventives), avec le LORIA (Laboratoire lorrain de recherche en informatique et ses applications), et avec les TIC (la police nationale ou/et l'IRCGN (Institut de recherche criminelle de la gendarmerie nationale)).

Objectifs de la formation

La spécialité « éthique, communication, expertises et droits de la personne » (responsable : Fr. Claudot) propose un enseignement pluridisciplinaire théorique et pratique qui concerne les enjeux éthiques des progrès techniques médicaux, les droits de la personne, tout en apportant les outils et les réponses aux questions expertales inhérentes.

La spécialité « criminalistique et archéologie » (responsable : Fr. Janot) propose un enseignement pluridisciplinaire théorique et pratique qui concerne le corps humain retrouvé dans une scène de crime ou d'archéologie.

– **Monde médical** : formation des futurs chercheurs et des professionnels de ces disciplines en les rendant aptes à la maîtrise des sciences médico-légales, dans les cadres médico-psychologique, judiciaire ou archéologique.

– **Monde judiciaire** : aptitude à intégrer dans leurs décisions et leurs plaidoiries les différentes disciplines d'expertise scientifique.

– **Monde des lettres** : spécialisation pour les acteurs de l'archéologie et de l'anthropologie avec une possibilité de passerelles avec les acteurs du monde judiciaire.

Publics concernés

Cette formation novatrice s'adresse aux étudiants et aux professionnels en activité issus du monde médical (médecins, odontologistes, pharmaciens), judiciaire (magistrats, avocats, officiers de police judiciaire et de gendarmerie; TIC, experts judiciaires et de compagnies d'assurances) et des lettres (psychologues, archéologues, anthropologues).

La spécialité « éthique, communication, expertises et droits de la personne »

Le domaine thématique se justifie par une demande émanant, non seulement des professionnels de santé, mais également de la société civile. Les enjeux éthiques des progrès techniques médicaux et scientifiques se reflètent à travers une demande permanente de formation éthique dans les métiers du soin.

La spécialité « criminalistique et archéologie »

Le domaine thématique est en phase directe avec les problèmes de notre époque. Par le fait, la mise en évidence d'un corps et/ou d'un squelette lors d'une scène de crime doit dorénavant se dérouler à l'égal d'une fouille archéologique. Ainsi, les méthodes actuellement utilisées par les techniciens de l'identification criminelle (TIC) pourraient s'enrichir de cet enseignement dans la recherche et la mise au jour d'un cadavre lors d'une scène de crime extérieure (localisée ou non), de scènes d'incendies ou dans les circonstances qui ont amené à la découverte du corps. De fait, il s'agit, dès que le lieu a été sécurisé, de retrouver l'ultime position imposée au cadavre de la victime par le(s) criminel(s) ou les circonstances.

D'évidence, les sciences légales et l'archéologie funéraire devenue légale sont des disciplines étroitement intriquées.

Organisation :

Master 1 :

Le tronc commun d'enseignement aux deux spécialités est de 9 UE (unités d'enseignements) ainsi que 2 UE obligatoires pour chaque spécialité (soit 550 h de cours).

Soutenance orale d'un projet tutoré (équivalence de 6 ECTS[110]).

Évaluation des connaissances par un contrôle écrit à la fin de chaque semestre.

Master 2 :

1er semestre :

Chaque spécialité propose un tronc commun d'enseignement de 4 UE et de 2 ou 3 UE imposées ainsi qu'un choix d'UE libres pour un total de 6 UE.

Evaluation des connaissances par un contrôle écrit.

2ème semestre :

2 stages de 10 semaines dans un laboratoire d'accueil.

Soutenance orale du rapport de stage.

Accompagnement

Collaboration étroite avec le secrétariat du master.

---

[110] European Credit Transfer System = système européen de transfert de crédits pour des étudiants européens, basé sur la charge de travail de l'étudiant exigée pour réaliser les objectifs d'un programme universitaire qui sont indiqués en termes de résultats d'étude et de compétences à acquérir.

Les responsables des spécialités, les responsables des UE encadrent les étudiants et suivent la progression des projets tutorés (M 1).

Les rapports de stage (M 2), dont le sujet a été au préalable choisi en accord avec un responsable, sont suivis par les directeurs des laboratoires d'accueil[111].

[111] Comment s'inscrire ? La sélection des candidats est faite sur dossier. Pour toute information, contacter le secrétariat Master (après-midi) et demander Mme Claire Guiborat, Faculté de médecine – Service de médecine légale et droit de la santé, 9, avenue de la Forêt de Haye – BP 184 – 54505 Vandoeuvre-lès-Nancy cedex, tél : 03. 83. 68. 37. 10, e-mail : Claire.Guiborat@medecine.uhp-nancy.fr. Pour le niveau M1 : les dossiers de candidature sont à télécharger sur le site de la Faculté de médecine, http://www.medecine.uhp-nancy.fr. Pour le niveau M2 : les dossiers de candidature sont à télécharger sur le site de l'Université Henri Poincaré – Nancy 1, http://www.uhp-nancy.fr

Conclusion

Le riche éventail des communications proposées lors de cette journée de formation continue à Épinal, dans une ambiance particulièrement agréable, met en lumière un aspect original de l'odontologie, ô combien révélateur de sa contribution scientifique à la restitution des populations disparues.

Bien qu'en marge de l'activité principale de notre exercice quotidien, ce potentiel de recherches ne doit plus maintenant être négligé par les instances ordinales, car l'apport de l'odontologie légale dans les découvertes historiques est important comme le révèle si bien la série de conférences de Xavier Riaud.

Par ses connaissances anatomiques, l'odontologiste est, après une formation complémentaire, parfaitement apte à mettre en évidence les vestiges d'un squelette dans un caveau funéraire.

De même, il lui est possible d'appliquer dorénavant les techniques de fouilles archéologiques dans une scène de crime extérieure - localisée ou non - pour la mise en évidence de l'ultime position imposée au corps de la victime avec les indices matériels qui peuvent lui être associés.

L'analyse minutieuse de la position des vestiges, plus ou moins décomposés, fixée et identifiée, autorise, par la pertinence des informations recueillies, l'élaboration d'hypothèses de scénarios.

Bien évidemment, l'intérêt exprimé par le Ministère pour la création du nouveau master *Éthique de la santé et médecine légale* au sein de l'Université Henri Poincaré est le fruit d'une collaboration étroite entre le docteur Pierre Bravetti, doyen de la Faculté d'odontologie, le professeur Henri Coudane, doyen de la Faculté de médecine et directeur de l'unité d'enseignement de médecine légale, et de droit médical, et le professeur Jean-Paul Artis, président de la compagnie des experts judiciaires près la Cour d'Appel de Nancy. Sans cette association forte et remarquable, la naissance de ce nouveau cursus interdisciplinaire n'aurait pu être menée jusqu'à son terme.

La création, par un odontologiste, du nouveau domaine thématique « criminalistique et archéologie » confère une autonomie nouvelle à notre discipline. D'évidence, cette « École du Crime », qui est une première nationale à Nancy, sera créatrice, dans les prochaines années, de nouveaux métiers d'expertise.

Enfin, le nombre d'étudiants et de professionnels qui souhaitent une formation complémentaire en anthropologie et en odontologie légale est en constante augmentation à la Faculté d'odontologie de Nancy 1 comme le prouve le nombre d'inscrits au diplôme universitaire d'identification en odontologie médico-légale (DUIOML). Dans le futur, des étudiants des trois Facultés des sciences de la vie et de la santé de Nancy – Université, en étroite collaboration avec ceux de la Faculté des Lettres, devraient s'associer dans des recherches interdisciplinaires sur des vestiges osseux découverts, puis prélevés dans des fouilles, dans les réserves des musées et dans des scénarios de scènes de crime extérieures, localisées ou non.

Si le nombre des étudiants augmente de façon exponentielle, il en est de même pour celui des enseignements sur le territoire national. Ainsi, en est-il aussi rencontré un à : Toulouse, Montpellier, Nantes, Lyon, Poitiers, Paris notamment. Il convient de rappeler l'existence de l'Association française d'identification odontologique créée en 1990 qui délivre une formation continue de grande valeur et de l'Unité d'identification odontologique fondée en 2002, rattachée au Conseil national de l'ordre des chirurgiens-dentistes. Cette unité regroupe une liste de tous les experts de la discipline considérée, mobilisables à tout instant pour intervenir sur une scène de crime ou de catastrophe. Ainsi, 26 d'entre eux se sont rendus en Thaïlande, après la catastrophe du tsunami du 26 décembre 2004, pour participer aux opérations d'investigations. Plus récemment, certains confrères ont été envoyés en Haïti, après le séisme du 12 janvier 2010. Beaucoup de ces experts d'ailleurs sont responsables de la plupart des enseignements délivrés en France sur la question.

La demande d'informations est donc croissante et permanente de la part des professionnels de santé, mais elle concerne de plus en plus également d'autres domaines d'activités qui cherchent à recevoir une formation théorique et pratique de qualité en odontologie médico-légale. En effet, le besoin sociétal est devenu à ce propos, omniprésent, tant dans la vie courante que dans les médias qui en usent et en abusent parfois. Toutefois, les étudiants, s'ils sont intoxiqués par la vulgarisation journalistique, ne se laissent pas manipuler et partent en quête d'un savoir scientifique de valeur avec le sens critique d'une objectivité extrême et essentielle.

La journée de formation continue qui s'est tenue à Épinal, sous la présidence d'Hervé Bontemps, a été exemplaire à ce titre.

Nous espérons que ce livre sera un reflet de la passion qui anime les auteurs au quotidien et un témoin, voire un outil pédagogique, utile pour tous les collègues praticiens qui voudront bien le tenir entre leurs mains.

Francis Janot

Membre titulaire de l'Académie nationale de chirurgie dentaire

Remerciements

Il convient de remercier l'instigatrice de cette journée, le docteur Carol Petit, et le président de la FOC 88, le docteur Hervé Bontemps, qui ont accueilli avec une gentillesse exceptionnelle et une bonne humeur sincère les deux intervenants. Il convient de féliciter les docteurs Francis Janot et Xavier Riaud pour leur récente nomination à l'Académie nationale de chirurgie dentaire, le premier comme membre titulaire et le second en tant que membre associé national, mais aussi pour les travaux qu'ils ont présentés ce jour-là avec enthousiasme. Il est aussi nécessaire de saluer tous les autres confrères qui sont venus assister et participer aux débats. Enfin, il est indispensable de témoigner de la plus grande reconnaissance au docteur Robert Sire pour la magnifique illustration de couverture qu'il a réalisée pour l'occasion.

Table des matières

Livres de Xavier Riaud :

Personnels

- *La pratique dentaire dans les camps du IIIème Reich*, Collection Allemagne d'hier et d'aujourd'hui, L'Harmattan (éd.), Paris, 2002.
- *Les dentistes allemands sous le IIIème Reich*, Collection Allemagne d'hier et d'aujourd'hui, L'Harmattan (éd.), Paris, 2005.
- *L'influence des dentistes américains pendant la Guerre de Sécession (1861-1865)*, Collection Médecine à travers les siècles, L'Harmattan (éd.), Paris, 2006.
- *Les dentistes, détectives de l'Histoire*, Collection Médecine à travers les siècles, L'Harmattan (éd.), Paris, 2007.
- *Première Guerre mondiale et stomatologie : des praticiens d'exception...*, Collection Médecine à travers les siècles, L'Harmattan (éd.), Paris, 2008.
- *Plaidoyer pour un enseignement historique de l'Art dentaire*, Collection Ethique & Pratique médicale, L'Harmattan (éd.), Paris, 2008.
- *Etude de la pratique odontologique et de ses déviances dans les camps de l'Allemagne nazie*, A.N.R.T. (éd.), Lille, 2008.
- *Quand la dent mène l'enquête...*, Collection Médecine à travers les siècles, L'Harmattan (éd.), Paris, 2008.
- *Pionniers de la chirurgie maxillo-faciale*, Collection Médecine à travers les siècles, L'Harmattan (éd.), Paris, 2010.
- *Histoires de la médecine bucco-dentaire*, Collection Médecine à travers les siècles, L'Harmattan (éd.), Paris, 2010.
- *Etude de la pratique dentaire dans les camps de l'Allemagne nazie, entre dérives et thérapeutiques médicales*, Les Editions Universitaires Européennes, Sarrebruck, 2010.

Collectifs

- *Le conflit*, sous la direction d'Olivier Ménard, Journée de la Maison des sciences de l'homme Ange-Guépin, Collection Logiques sociales, L'Harmattan (éd.), Paris, 2006.
- *Actes du 2ème congrès international de pathographie*, sous la direction de Philippe Charlier, De Boccard (éd.), Collection Pathographie, Paris, 2009.

Livres de Francis Janot :

Personnel

- *Les instruments d'embaumement de l'Egypte ancienne*, IFAO (éd.), Collection Bibliothèque d'étude, Le Caire, 2000 (2ème édition récente).

Collectif

- Avec Zahi Hawass, *Momies*, White Star (éd.), Paris, 2008 (traduit dans 6 langues).

L'HARMATTAN, ITALIA
Via Degli Artisti 15 ; 10124 Torino

L'HARMATTAN HONGRIE
Könyvesbolt ; Kossuth L. u. 14-16
1053 Budapest

L'HARMATTAN BURKINA FASO
Rue 15.167 Route du Pô Patte d'oie
12 BP 226 Ouagadougou 12
(00226) 76 59 79 86

ESPACE L'HARMATTAN KINSHASA
Faculté des Sciences Sociales,
Politiques et Administratives
BP243, KIN XI ; Université de Kinshasa

L'HARMATTAN GUINEE
Almamya Rue KA 028 en face du restaurant le cèdre
OKB agency BP 3470 Conakry
(00224) 60 20 85 08
harmattanguinee@yahoo.fr

L'HARMATTAN COTE D'IVOIRE
M. Etien N'dah Ahmon
Résidence Karl / cité des arts
Abidjan-Cocody 03 BP 1588 Abidjan 03
(00225) 05 77 87 31

L'HARMATTAN MAURITANIE
Espace El Kettab du livre francophone
N° 472 avenue Palais des Congrès
BP 316 Nouakchott
(00222) 63 25 980

L'HARMATTAN CAMEROUN
Immeuble Olympia face à la Camair
BP 11486 Yaoundé
(00237) 99 76 61 66
harmattancam@yahoo.fr

L'HARMATTAN SENEGAL
« Villa Rose », rue de Diourbel X G, Point E
BP 45034 Dakar FANN
(00221) 33 825 98 58 / 77 242 25 08
senharmattan@gmail.com

635551 - Décembre 2015
Achevé d'imprimer par

1livre.com
du rêve à la réalité !

www.ingramcontent.com/pod-product-compliance
Lightning Source LLC
LaVergne TN
LVHW051405061026
849535LV00009B/3378